四特 教育系列丛书 SITE JIAOYUXILIECONGSI

与学生谈人生

《"四特"教育系列丛书》编委会　编著

吉林出版集团股份有限公司
全国百佳图书出版单位

图书在版编目 (CIP) 数据

与学生谈人生／《"四特"教育系列丛书》编委会编著.
—长春：吉林出版集团股份有限公司，2012.4
（"四特"教育系列丛书／庄文中等主编.与学生谈生命与青春期教育）
ISBN 978-7-5463-8635-5

I. ①与… Ⅱ. ①四… Ⅲ. ①人生哲学－青年读物②人生哲学－少年读物 Ⅳ. ① B821-49

中国版本图书馆 CIP 数据核字（2012）第 042030 号

与学生谈人生

YU XUESHENG TAN RENSHENG

出 版 人	吴 强	
责任编辑	朱子玉 杨 帆	
开 本	690mm×960mm 1/16	
字 数	250 千字	
印 张	13	
版 次	2012 年 4 月第 1 版	
印 次	2023 年 2 月第 3 次印刷	

出 版	吉林出版集团股份有限公司
发 行	吉林音像出版社有限责任公司
地 址	长春市南关区福祉大路 5788 号
电 话	0431-81629667
印 刷	三河市燕春印务有限公司

ISBN 978-7-5463-8635-5　　　　　定价：39.80 元

前　言

　　学校教育是个人一生中所受教育最重要组成部分,个人在学校里接受计划性的指导,系统地学习文化知识、社会规范、道德准则和价值观念。学校教育从某种意义上讲,决定着个人社会化的水平和性质,是个体社会化的重要基地。知识经济时代要求社会尊师重教,学校教育越来越受重视,在社会中起到举足轻重的作用。

　　"四特教育系列丛书"以"特定对象、特别对待、特殊方法、特例分析"为宗旨,立足学校教育与管理,理论结合实践,集多位教育界专家、学者以及一线校长、老师们的教育成果与经验于一体,围绕困扰学校、领导、教师、学生的教育难题,集思广益,多方借鉴,力求全面彻底解决。

　　本辑为"四特教育系列丛书"之《与学生谈生命与青春期教育》。

　　生命教育是一切教育的前提,同时还是教育的最高追求。因此,生命教育应该成为指向人的终极关怀的重要教育理念,它是在充分考察人的生命本质的基础上提出来的,符合人性要求,是一种全面关照生命多层次的人本教育。生命教育不仅只是教会青少年珍爱生命,更要启发青少年完整理解生命的意义,积极创造生命的价值;生命教育不仅只是告诉青少年关注自身生命,更要帮助青少年关注、尊重、热爱他人的生命;生命教育不仅只是惠泽人类的教育,还应该让青少年明白让生命的其它物种和谐地同在一片蓝天下;生命教育不仅只是关心今日生命之享用,还应该关怀明日生命之发展。

　　同时,广大青少年学生正处在身心发展的重要时期,随着生理、心理的发育和发展、社会阅历的扩展及思维方式的变化,特别是面对社会的压力,他们在学习、生活、人际交往和自我意识等方面,都会遇到各种各样的心理困惑或问题。因此,对学生进行青春期健康教育,是学生健康成长的需要,也是推进素质教育的必然要求。青春期教育主要包括性知识教育、性心理教育、健康情感教育、健康心理教育、摆脱青春期烦恼教育、健康成长教育、正确处世教育、理想信念教育、坚强意志教育、人生观教育等内容,具有很强的系统性、实用性、知识性和指导性。

　　本辑共20分册,具体内容如下:

　　1.《与学生谈自我教育》

　　自我教育作为学校德育的一种方法,要求教育者按照受教育者的身心发展阶段予以适当的指导,充分发挥他们提高思想品德的自觉性、积极性,使他们能把教育者的要求,变为自己努力的目标。要帮助受教育者树立明确的是非观念,善于区别真伪、善恶和美丑,鼓励他们追求真、善、美,反对假、恶、丑。要培养受教育者自我认识、自我监督和自我评价的能力,善于肯定并坚持自己正确的思想言行,勇于否定并改正自己错误的思想言行。要指导受教育者学会运用批评和自我批评这种自我教育的方法。

　　2.《与学生谈他人教育》

　　21世纪的教育将以学会"关心"为根本宗旨和主要内容。一般认为,"关心"包括关心自己、关心他人、关心社会和关心学习等方面。"关心他人"无疑是"关心"教育的最为重要的方面之一。学会关心他人既是继承我国优良传统的基础工程,也是当前社会主义精神文明建设的基础工程,是社会公德、职业道德的主要内容。许多革命伟人,许多英雄模范,他们之所以有高尚境界,其道德基础就在于"关心他人"。本书就学生的生命与他人教育问题进行了系统而深入的分析和探讨。

3.《与学生谈自然教育》

自然教育是解决如何按照天性培养孩子,如何释放孩子潜在能量,如何在适龄阶段培养孩子的自立、自强、自信、自理等综合素养的均衡发展的完整方案,解决儿童培养过程中的所有个性化问题,培养面向一生的优质生存能力、培养生活的强者。自然教育着重品格、品行、习惯的培养;提倡天性本能的释放;强调真实、孝顺、感恩;注重生活自理习惯和非正式环境下抓取性学习习惯的培养。

4.《与学生谈社会教育》

现代社会教育是学校教育的重要补充。不同社会制度的国家或政权,实施不同性质的社会教育。现代学校教育同社会发展息息相关,青少年一代的成长也迫切需要社会教育密切配合。社会要求青少年扩大社会交往,充分发展其兴趣、爱好和个性,广泛培养其特殊才能,因此,社会教育对广大青少年的成长来说,也其有了极其重要的意义。本书就学生的生命与社会教育问题进行了系统而深入的分析和探讨。

5.《与学生谈创造教育》

我们中小学实施的应是广义的创造教育,是指根据创造学的基本原理,以培养人的创新意识、创新精神、创造个性、创新能力为目标,有机结合哲学、教育学、心理学、人才学、生理学、未来学、行为科学等有关学科,全面深入地开发学生潜在创造力,培养创造型人才的一种新型教育。其主要特点有:突出创造性思维,以培养学生的创造性思维能力为重点;注重个性发展,让学生的禀赋、优势和特长得到充分发展,以激发其创造潜能;注意启发诱导,激励学生主动思考和分析问题;重视非智力因素,培养学生良好的创新心理素质;强调实践训练,全面锻炼创新能力。本书就学生的生命与创造教育问题进行了系统而深入的分析和探讨。

6.《与学生谈非智力培养》

非智力因素包含:注意力、自信心、责任心、抗挫折能力、快乐性格、探索精神、好奇心、创造力、主动思索、合作精神、自我认知……本书就学生的非智力因素培养问题进行了系统而深入的分析和探讨,并提出了解决这一问题的新思路、可供实际操作的新方案,内容翔实,个案丰富,对中小学生、教师及家长均有启发意义。本书体例科学,内容生动活泼,语言简洁明快,针对性强,具有很强的系统性、实用性、实践性和指导性。

7.《与学生谈智力培养》

教师在教学辅导中对孩子智力技能形成的培养,应考虑智力技能形成的阶段,采取多种教学措施有意识地进行。本书就学生的智力培养教育问题进行了系统而深入的分析和探讨,并提出了解决这一问题的新思路、可供实际操作的新方案,内容翔实,个案丰富,对中小学生、教师及家长均有启发意义。本书体例科学,内容生动活泼,语言简洁明快,针对性强,具有很强的系统性、实用性、实践性和指导性。

8.《与学生谈能力培养》

真正的学习是培养自己在没有路牌的地方也能走路的能力。能力到底包括哪些内容?怎样培养这些能力呢?本书就学生的能力培养问题进行了系统而深入的分析和探讨，并提出了解决这一问题的新思路、可供实际操作的新方案，内容翔实，个案丰富，对中小学生、教师及家长均有启发意义。本书体例科学，内容生动活泼，语言简洁明快，针对性强，具有很强的系统性、实用性、实践性和指导性。

9.《与学生谈心理锻炼》

心理素质训练在提升人格、磨练意志、增强责任感和团队精神等方面有着特殊的功效，作为对大中专学生的一种辅助教育方法，不仅能够丰富教学内容，改革教学模式，而且能使大学生获得良好的体能训练和心理教育，增强他们的社会适应能力，提高他们毕业之后走上工作岗位的竞争力。本书就学生的心理锻炼问题进行了系统而深入的分析和探讨。

10.《与学生谈适应锻炼》

适应能力和方方面面的关系很密切，我认为主要有以下几个方面：社会环境、个人经历、身体状况、年龄性格、心态。其中最重要是心态，不管遇到什么事情，都要尽可能的保持乐观的态度从容的心态。适应新环境、适应新工作、适应新邻居、适应突发事件的打击、适应高速的生活节奏、适应周边的大悲大喜，等等，都需要我们用一种冷静的态度去看待周围的事物。本书就学生的社会适应性锻炼教育问题进行了系统而深入的分析和探讨。

11.《与学生谈安全教育》

采取广义的解释，将学校师生员工所发生事故之处，全部涵盖在校园区域内才是，如此我们在探讨校园安全问题时，其触角可能会更深、更远、更广、更周详。

12.《与学生谈自我防护》

防骗防盗防暴与防身自卫、预防黄赌毒侵害等内容，生动有趣，具有很强的系统性和实用性，是各级学校用以指导广大中小学生进行安全知识教育的良好读本，也是各级图书馆收藏的最佳版本。

13.《与学生谈青春期情感》

青春期是花的季节，在这一阶段，第二性征渐渐发育，性意识也慢慢成熟。此时，情绪较为敏感，易冲动，对异性充满了好奇与向往，当然也会伴随着出现许多情感的困惑，如初恋的兴奋、失恋的沮丧、单恋的烦恼等等。中学生由于尚处于发育过程中，思想、情感极不稳定，往往无法控制自己的情绪，考虑问题也缺乏理性，常常会造成各种错误，因此人们习惯于将这一时期称作"危险期"。本书就学生的青春期情感教育问题进行了系统而深入的分析和探讨。

14.《与学生谈青春期心理》

青春期是人的一生中心理发展最活跃的阶段，也是容易产生心理问题的重要阶段，因此要关注心理健康。本书就学生的青春期心理教育问题进行了系统而深入的分析和探讨，并提出了解决这一问题的新思路、可供实际操作的新方案，内容翔实，个案丰富，对中小学生、教师及家长均有启发意义。本书体例科学，内容生动活泼，语言简洁明快，针对性强，具有很强的系统性、实用性、实践性和指导性。

15.《与学生谈青春期健康》

青春期常见疾病有，乳房发育不良，遗精异常，痤疮，青春期痤疮，神经性厌食症，青春期高血压，青春期甲状腺肿大，甲型肝炎等。用注意及时预防以及注意膳食平衡和营养合理。本书就学生的青春期健康教育问题进行了系统而深入的分析和探讨，并提出了解决这一问题的新思路、可供实际操作的新方案，内容翔实，个案丰富，对中小学生、教师及家长均有启发意义。本书体例科学，内容生动活泼，语言简洁明快，针对性强，具有很强的系统性、实用性、实践性和指导性。

16.《与学生谈青春期烦恼》

青少年产生烦恼的生理原因是什么？青少年的烦恼有哪些？消除青春期烦恼的科学方法有哪些？本书就学生如何摆脱青春期烦恼问题进行了系统而深入的分析和探讨，并提出了解决这一问题的新思路、可供实际操作的新方案，内容翔实，个案丰富，对中小学生、教师及家长均有启发意义。本书体例科学，内容生动活泼，语言简洁明快，针对性强，具有很强的系统性、实用性、实践性和指导性。

17.《与学生谈成长》

成长教育的概念，从目的和方向上讲，应该是培育身心健康的、适合社会生活的、能够自食其力的、家庭和睦的、追求幸福生活的人；从内容上讲，主要是素质及智慧的开发和培育。人的内涵最根本的是思想，包括思想的内容、水平、能力等；外显的是言行、气质等。本书就学生的健康成长问题进行了系统而深入的分析和探讨，并提出了解决这一问题的新思路、可供实际操作的新方案，内容翔实，个案丰富，对中小学生、教师及家长均有启发意义。

18.《与学生谈处世》

处世是人生的必修课，从小要教给孩子处世的技巧，让孩子学会处世的智慧，这对他们的成长至关重要。本书从如何做事、如何交往、如何生活、如何与人沟通、如何处理自己的消极情绪等十个方面着手，力图把处世的智慧教给孩子，让孩子学会正确处理复杂的人际关系。本书体例科学，内容生动活泼，语言简洁明快，针对性强，具有很强的系统性、实用性、实践性和指导性。

19.《与学生谈理想》

教育是一项育人的事业，人是需要用理想来引导的。教育是一项百年大计，大计是需要用理想来坚持的。教育是一项崇高的事业，崇高是需要用理想来奠实的。学校没有理想，只会急功近利，目光短浅，不能真正为学生终身发展奠基；教师没有理想，只会自怨自艾，早生倦意，不会把教育当作终身的事业来对待。学生没有理想，就没有美好的未来。本书就学生的理想信念问题进行了系统而深入的分析和探讨，并提出了解决这一问题的新思路、可供实际操作的新方案，内容翔实，个案丰富，对中小学生、教师及家长均有启发意义。

20.《与学生谈人生》

人生观是对人生的目的、意义和道路的根本看法和态度。内容包括幸福观、苦乐观、生死观、荣辱观、恋爱观等。它是世界观的一个重要组成部分，受到世界观的制约。本书就学生如何树立正确的人生观问题进行了系统而深入的分析和探讨，并提出了解决这一问题的新思路、可供实际操作的新方案，内容翔实，个案丰富，对中小学生、教师及家长均有启发意义。本书体例科学，内容生动活泼，语言简洁明快，针对性强，具有很强的系统性、实用性、实践性和指导性。

由于时间、经验的关系，本书在编写等方面，必定存在不足和错误之处，衷心希望各界读者、一线教师及教育界人士批评指正。

编者

目　录

第一节 人生观

1. 人生观指的是什么

人生观是指对人生的看法，也就是对人类生存的目的、价值和意义的看法。人生观是由世界观决定的，其具体表现为苦乐观、荣辱观、生死观等。人生观是一定社会或阶级的意识形态，是一定社会历史条件和社会关系的产物。

什么样的人生观才是正确的人生观呢？

要学会谦让，学会关爱，要学会用一种博爱的心胸去对待宇宙的一切。所以，我们应该静下心来思考，努力做自己的本职工作。

我们应该努力，幸福，快乐地走好人生的每一步，平平淡淡，知足而常乐，保持一颗博爱的心，与世界同行！

人活着是为了让别人活得更好，只有为了这个目的，从不断努力中找到乐趣，人生才有意义。

用国学大师季羡林的话说：人活着就必须要传承文明，承担责任。

为自己构建一个清晰和自信的道德框架。在我国社会主义初级阶段，社会主义道德建设要以为人民服务为核心。做一个有道德的人，就一定要有为大众服务，为社会献身的精神；要时时处处想到别人，想到国家和社会，从而能设身处地、推己及人、与人为善、服务他人，体现自己人格的魅力；要以爱祖国、爱人民、爱劳动、爱科学、爱社会主义为基本要求和遵守家庭美德、职业道德和社会公德为根本准则。

青少年要做有道德的人,就要学习和领会社会主义道德建设标准与要求,要学习做有道德的人。这将使你在面临两难处境时能果敢抉择,而不必每次遇到令你迷惑的道德决定就束手无策。它将使你战胜可能经历的道德失落,砥砺你高挚心中的指路明灯,照亮自己,辉映他人。

2. 如何树立正确人生观

正确的人生观指引人走人生的正道,用自己的劳动去创造人生业绩,成为一个有益于社会、有益于人民的高尚的人。错误的人生观将导致人背离人生的正道,走到邪路上去,甚至成为危害社会、危害人民的罪人。

当代青少年大多求实务虚,在中国社会转型时期他们受到的影响最大,受到金钱的迷惑致使他们失去理智看待社会和人生的能力。在这样的大背景下,青少年应该多接触社会,感受人情冷暖,树立正确的人生观。当代青少年作为思维活跃、行动敏捷、最少传统观念的知识阶层群体,自然对市场经济的发展有着极敏锐的感受力,并相应地逐步调整、更新自己的观念系统和行为习惯。他们是一个国家的精英,担负着未来领导和实现中华民族伟大复兴的重任。理想信念、思想道德水平和人生境界、学识、能力、作风和综合素质直接关系着国家和民族兴旺。因此,一定要牢记使命重托,加强修养历练,牢固树立正确的人生观、价值观,成为一个高尚的人,一个纯粹的人,一个有道德的人,一个脱离了低级趣味的人,一个有益于人民的人。当然,树立正确的人生观、价值观不是一朝一夕的事情,我们必须以观念的更新推动实践的创新,脚踏实地,真抓实干,通过长期实践先进性要求的努力，才能逐步得到提高。

人的正确的世界观是从哪里来的，它不是从天上掉下来的，是人们在实践的基础上，经过理性认识，再上升到实践，这样循环，形成人们对世界的总认识和总看法。人是环境和教育的产物。人的理性认识的提高重在教育，开展廉政教育，是我们执法人员树立正确世界观的前提，是一项经常性的基础工作。最根本的就是牢固树立马克思主义的世界观、人生观、价值观，牢固树立正确的权力观、地位观、利益观，每个执法人员必须牢固树立坚定正确的理想信念，时刻牢记"全心全意为人民服务"的根本宗旨，才能树立正确的世界观、人生观、价值观。

要认真学习。要学习马克思主义哲学、政治经济学、科学社会主义，学会用辩证唯物主义和历史唯物主义的观点和方法去分析问题、解决矛盾。还要学习经济、政治、法律、科技、历史、文学等方面的知识。学习主要靠自学，当然，必要的灌输也是不可少的。

要认真进行思想改造。除认真学习外，最重要的是要经常进行自我改造，这是一个长期而艰苦的过程，而这个改造最主要的是"内因"。要想认真地自我改造，就要以马克思主义世界观为标准，不断检视自己的思想和行为，进行必要的批评和自我批评，克服任性和偏私。还要敢于向一切错误的思想观念、腐朽的生活方式宣战，要勇于接受组织和群众的监督。只有这样，才能达到改造的目的。像周恩来同志那样"活到老、学到老、改造到老"。

要善于区分观念的正确与否，把握好自己的言行。比如享乐主义，这种人生观认为"人生在世，吃喝二字"，因此贪图安逸，追求吃喝玩乐。对诸如此类的观念，必须要有一个正确的区分，对错误的东西必须要坚决抵制，否则，你原来正确的世界观、人生观、价值观，也慢慢会被这些所谓的"新观念"所替代。

要提高认识水平，重建认知结构。我们当前正处于思想大活跃、观念大碰撞、文化大交融的时代，先进文化与落后文化、健康文化与腐朽文化同时并存。青少年不仅要学好专业知识，而且也要掌握必要的哲学、逻辑学、社会学、心理学等方面的知识，形成正确的世界观和科学的方法论，用辩证唯物主义和科学的思维方式建造自己的认知结构，提高自己的认识水平，正确认识社会发展规律，正确把握社会思想意识中的主流和支流，正确辨识社会现象中的是非、善恶、美丑，确立与社会主义核心价值体系相一致的人生价值目标。

牢固树立回报社会、服务祖国人民的科学高尚的人生观。坚持用社会主义核心价值体系指导自己的行为，自觉把个人价值追求融入民族振兴、国家发展的伟大实践中，把个人理想抱负化为励志国强、创建崭新业绩的实际行动。

强化个人能力，增强社会适应能力。青少年不但要认真地学习书本知识，还应当积极地培养自己的观察力、注意力、记忆力、想象力、思维力和操作能力，特别是创新和科研能力，对青少年适应未来的社会工作和环境，形成积极向上的人生观、价值观具有重要的意义。

加强自身修养，反对拜金主义、享乐主义和个人主义人生观，形成允公允能、勤学善思、奋发进取、乐观坚毅、忠实执著的良好风貌。

珍惜难得的历史机遇，把自己的人生价值目标建立在正确把握当今中国社会发展所提供的条件的基础上，努力、充分地实现自己的人生价值。树立科学的目标，制定合理的计划。有了科学的目标，再制定出合理可行的计划，青少年就可以照着正确的方向坚定不移地努力，奋斗的喜悦会促使我们走向人生的成功之路。

3. 世界观指的是什么

世界观是人们对世界的总的根本的看法。由于人们的社会地位不同，观察问题的角度不同，而形成不同的世界观，也叫宇宙观。哲学是其理论表现形式。世界观的基本问题是精神和物质、思维和存在的关系，根据对这两者关系的不同回答，划分为两种根本对立的世界观基本类型，即唯心主义世界观和唯物主义世界观。

世界观是人们对整个世界以及人与世界关系的总的看法和根本观点。这种观点是生活实践的结果，在一般人那里往往是自发形成的，需要思想家进行自觉地概括和总结并给予理论上的论证，才能成为哲学。

世界观和方法论是一致的，有怎样的世界观就有怎样的方法论，方法论对世界观也有一定影响。

在阶级社会里，世界观有鲜明的阶级性。各种不同的世界观，归根到底不是唯物主义的，就是唯心主义的，对社会的发展起着不同的作用。

马克思主义哲学是唯一科学的世界观。

世界观是哲学的朴素形态。

世界观，也叫宇宙观，是一个人对整个世界的根本看法，世界观建立于一个人对自然、人生、社会和精神的科学的、系统的、丰富的认识基础上，它包括自然观、社会观、人生观、价值观、历史观。世界观不仅仅是认识问题，而且还包括坚定的信念和积极的行动。例如，共产主义世界观就不仅仅包括对共产主义的认识和知识，而且包括对共产主义的信念和为实现共产主义的奋斗精神和积极的行动。

作为一个人来说，世界观又总是和他的理想、信念有机联系起来的，世界观总是处于最高层次,对理想和信念起支配作用和导向作用。同时世界观也是个性倾向性的最高层次,它是人的行为的最高调节器,制约着人的整个心理面貌,直接影响人的个性品质。可以讲,世界观决定一个人的价值观和人生观。价值观是指人对客观事物的需求所表现出来的评价,它包括对人的生存和生活意义即人生观的看法,它是属于个性倾向性的范畴。价值观的含义很广,包括从人生的基本价值取向到个人对具体事物的态度。人生观被认为是对人生的意义和目的根本观点。一个人的世界观是否正确,将直接影响他的价值观和人生观。

世界观、人生观和价值观三者是统一的:有什么样的世界观就有什么样的人生观,有什么样的人生观就有什么样的价值观。

世界观是社会实践的产物和对社会存在的反映,同时任何世界观的形成和确立都要利用先前遗留下来的现成的思想材料,这样,新世界观和旧世界观之间就存在着某种历史的继承关系。人们认识世界和改造世界所持的态度和采用的方法最终是由世界观决定的。正确的、科学的世界观可以为人们认识世界和改造世界的活动提供正确的方法,错误的世界观则会给人们的实践活动带来方法上的失误。

世界观是在社会实践的基础上产生和逐渐形成的。人们在实践活动中,首先形成的是对于现实世界各种具体事物的看法和观点。久而久之,人们逐渐形成了关于世界的本质、人和客观世界的关系等总的看法和根本观点,这就是世界观。一般来说,人人都有自己的世界观,并以此来观察问题和处理问题。在阶级社会里,世界观具有鲜明的阶级性,不同阶级的人们会形成不同的甚至是根本对立的世界观。各种世界观的对立和斗争,归根到底是唯物主义和唯心主义、辩证法和形而上学的斗争。不同的世界观会指导人们采取不同的行动,从而对社会的发展起着促进或阻碍作用。辩证唯物主义和历史唯物主义是唯一彻底的科学的世界观,是无产阶级及其政党认识世界和改造世界的理论武器。

4. 生命的意义是什么

"昨天不能唤回,明天还不存在,你能确实把握的只有现在。因此,你若爱永恒,就应当爱现在。"爱默生说。的确,生命的意义仅存于"现在"当中,人永远不能回到过去,人生的道路,每一步都朝一个全新的情景延伸。可是,一般人往往喜欢眷恋过去,也常常对未来充满憧憬,却最不留意现在。

许多穷学生能充分认识到无声流逝的时间的价值,并有效地利用每一分钟。虽然他们整日疲于生计,只能用零星的时间来学习一点知识,但是他们靠着不懈的努力,终于燃起了信念与希望,获得了成功与荣耀。正如法国作家费耐隆所说,在上帝把前面的时光收回之前,他永远不会给予我们新的时间。在某一时点上,上帝只能赐予我们一次时间。

在一周之内,约翰逊博士利用晚上的时间写出了《拉塞拉丝》,以便为他母亲的葬礼筹措费用。

布鲁厄姆勋爵在政治、法律、自然科学、文学等各方面都成就卓著。他从来不允许自己有片刻闲暇。由于他做事富有条理,极具计划性,因而和大多数人相比,他似乎拥有更多的闲暇时光。尽管有些人整日忙碌,但是他们一生中完成的工作量却不及布鲁厄姆勋爵的十分之一。

萨默维尔夫人在邻居们沉醉于声色犬马的娱乐和喋喋不休的家长里短时,却在发奋学习植物学和天文学,著书立说。她还在80高龄时出版了《分子和微观科学》。林肯在从事勘测土地工作的同时,还利用每一点闲暇时间孜孜不倦地学习法律。他在照管自己小杂货店生意的同时，博览群书，积累了广博的知识。

浪费时间本身并无多大害处，但浪费时间的同时更浪费了精力，这才是最具危害性的。无所事事和闲散懒惰足以麻木我们的神经，使得我们的肌肉日趋萎缩，耽于安逸使人们意气消沉、萎靡不振，而奋发工作则使人朝气蓬勃、精力充沛。那些走在时间后面的人，也往往走在成功的后面，而那些赶在时间前面的人，则往往获得了成功。

英国化学家、物理学家道尔顿把工作看成是自己一生的支点，他的人生乐趣就是不断地努力工作。他在一生中完成了20多万条气象记录。昆西总统只有在为自己制定好第二天的工作计划之后才肯上床休息，否则，决不休息。

当一根坏细纱使整匹织物变为次品时，人们就会追究那位犯错的女工的责任，并从她的工资里扣除由此引起的损失。但是谁又能赔偿我们生命之网中那些坏的线头所导致的损失呢？在我们的生命中，我们不可能来来回回地掷一把空梭子，因此每时每刻都有某种线被织进我们的生命之网中，织进我们生命之网中的线可能是那种由浪费的时间或丧失的机会构成的劣质丝线，这样的丝线足以毁掉整匹丝织品的质量，并使劳动者终身蒙羞。但是，如果织进我们生命之网中的线完全是由惜时如金、拼搏努力构成的金光闪闪的丝线，那么这样的金色丝线会使得人生的布匹更加美丽灿烂、光彩夺目。时光如梭，时间的脚步永远不停歇，我们手中的梭子也永远无法停下，而那些劣质的丝线一经编织，就无法更改，成为我们生命中永久的污点。

没有人会为一个专心致志工作的年轻人的前途担忧，但是，他在哪里吃午饭呢？他在晚餐之后又做些什么呢？他晚上离开公寓又去哪里了呢？他的周末和节假日又是在什么地方度过的呢？通过回答这些问题，我们可以知道，一个年轻人是如何度过他的闲暇时光的，而这些完全可以反映出他的个人品质。绝大多数误入歧途、自我放纵的年轻人之所以走向堕落，是因为他们没有更好地把握晚饭后的那段休闲时光。

在年轻人的生命旅程中，每一个夜晚都是一种严厉的考验。正如惠蒂埃那充满睿智的话语所言："就在今天，我们书写命运的画卷，纺织生命之网；就在今天，我们的所作所为决定了日后是光明的前程还是罪恶的一生。"那些功成名就，站在时代巅峰的伟大人物都是孜孜不倦、勤勉不辍的工作者，他们能够充分地利用晚上的时光，或是学习，或是工作，进行自我提高。

正如我们不会随意丢弃一美元，我们更不应当任意挥霍生命中的每一个小时。谁能像一粒粒种子不断地从大地母亲那里汲取营养一样，点点滴滴地进行积累，谁就能获得成功，铸就辉煌。时间就是金钱，时间就是生命，浪费时间就意味着浪费精力、浪费能源、浪费生命，我们的未来就蕴涵于我们的时间之中，仔细审视一下你是如何利用时间的吧。

爱德华·埃弗雷特语重心长地说："培养每一种优秀的品质是我们每个人的职责，要使自己成为一个有益于社会、受人尊敬的人，就应以鹰一般敏锐的眼光仔细观察并抓住任何一个稍纵即逝的机会，弥补和挽回所有荒废的时间，抵制一切世俗的诱惑，克制所有感官的享受。"

5. 明确未来的人生定位

众所周知，每个人都有自己的生活方式，并且都有办法去适应它，但是只有少数被人们称之为天才的人才会在很小的时候就非常明确自己未来的人生定位。

格劳秀斯 15 岁之前就发表了令世人瞩目的哲学作品。蒲柏几乎是在牙牙学语时就在写诗。培根 16 岁就指出了亚里士多德哲学的漏洞。斯塔尔夫人在同龄的小女孩还在玩弄布娃娃时，就对政治学非常痴迷。查特顿 11 岁时写出了优秀的诗篇。考利 16 岁那年出版了自己的诗集。莫扎特 4 岁时就能够摆弄和弹奏钢琴，创作了小步舞曲和至今仍在流传的其他一些曲子。托马斯·劳伦斯和富兰克林·威斯特刚刚蹒跚学步就开始学绘画了。拿破仑在布里涅打雪仗时就已经是"军事首领"了。卡尔门斯非常小的时候，看起来就神情庄严，言谈恳切，充满热诚，在育婴室的时候就开始站在小板凳上布道。李斯特 12 岁就开始公开演出了。歌德 12 岁时就开始写悲剧了。卡诺瓦在孩提时代就用泥巴雕塑模型了。

这些人的天赋和特长在很小的时候就表现出来了，在以后的生活中，他们又积极地朝着这一方向发展。但是，像这些人一样很小就表现出天赋的情况并不多见，除了极少的例子外，我们绝大多数人都必须自己去发现自己的天赋与特长，而不是在那里等待爱好与天性自动地表现出来。对于一个人的一生来说，发现金矿远没有发现自己的天赋与特长重要。

一位主教对一位年轻的教士说："我并不是要阻止你当教士，而是你的天赋在阻止你这样做。"

"我们做我们的天赋不擅长的事情往往是徒劳无益的，"洛威尔说，"在人类的历史上，因为做自己所不擅长的事情而导致理想破灭、前功尽弃的例子数不胜数。"

如果你想知道自己真正擅长的是什么，那么除非你所有的才能都得到了充分地开发。只有你的天赋与个性完全和手头的工作相协调，你才会干得得心应手，除非你爱自己的工作达到废寝忘食的地步，否则，你肯定还没有找到自己真正的兴趣所在。作为一个人，某一段时间你也许不得不做一些不喜欢的事情，并为此而苦恼，这时，你要做的是，尽早使自己从这种状态下解脱出来。神父凯里最初是个鞋匠，他在讲道时说："我的本行是宣讲《圣经》，只是为了经济方面的原因才去修鞋。"

6. 明确人生的目标

在过去的日子里，女孩的惟一出路依然是婚姻，而单身女性则不得不面对朋友们的责难。当时，德国的剧作家莱辛还曾经评论说："女人像男人一样思考，如同男人穿上女人的红大衣一样荒唐可笑。"但是仅仅几年的时间，生活态度积极的女人们就大胆地捧起了书本，但她们会在书本上佯摆一些针线活，以便在客人到来时能够迅速地放下手中的书本，拿起针线。格雷高利博士对他的女儿说："如果你碰巧有见识的话，一定要三缄其口，千万不要让男人们知道，因为他们天然的敌意和嫉妒会使他们排斥那些具有独到见解、智慧高超的女人。"

然而，这一切却在不经意间有了很大的改观。美国女教育家弗兰西斯·威拉德曾经说过："对女性智慧的发现是本世纪最大的发现。我们解放了她们，为我们的女儿们敞开了婚姻以外的广阔天地。现在，女性也拥有了与男性平等的权利，她们也有权利选择自己的职业。女性获得了更大的自由是本世纪最伟大而且光荣的进步，但是责任必须与自由相伴，因此，明确人生定位和人生目标也是每个女孩必须考虑的问题。"

"这个世界需要这样的女孩，"霍尔博士说，"她们是弟弟姐姐除母亲以外最亲密的人；她们会让哥哥自豪，因为她们不是那种只是能歌善舞，只会在交际场合大出风头的女孩；她们是母亲最好的帮手，能够把家里乱作一团的事情整理得有条不紊；她们会令父亲感到欣慰，这不仅仅是因为她们长得容貌俊美。另外，这样的女孩我们的社会也需要。她们不愿戴着招眼的尖顶帽子到剧院看戏，或者穿着几寸高跟鞋摇摇摆摆地走路，尽管双脚不适却强装笑颜；她们更不愿像某些女孩那样穿着高贵华丽的礼服，去追赶那愚蠢可笑的最新时尚；她们不仅有自己的独立见解和标准，并且自重自尊，完全信守诺言。"

我们希望女孩们坦荡无私、美丽可人、天真坦率、纯洁善良、谨慎而自制、善解人意。她们时刻想着那为了给她们买件漂亮衣服而省吃俭用的母亲，理解自己的母亲为了有所节余而一分一厘地计算吃穿费用；她们时刻想着照顾和安慰那为了养家糊口而辛苦操劳的父亲；她们不是在家里养尊处优、毫无用处的负担，她们千方百计地节省开支而不胡乱花费，并且热切地希望给家人带来快乐和舒适。

我们希望女孩们善良仁慈，富有同情心，听到别人的不幸会流出同情的眼泪，心里想起愉快的事情就会在脸上露出灿烂的笑容，让别人一同分享自己的快乐。我们有很多才华横溢的女孩、机智幽默的女孩、聪明睿智的女孩。现在我们更需要热情纯真的女孩、心地善良的女孩、开明快乐的女孩。只要这个世界上还存在着这样的女孩，不管多么罕见，生活都没有亏待我们。她们的清新爽朗让我们神清气爽，充满对生活的热爱和感激之情，正如炎炎夏日午后的一场急雨一样。

女人活动的圈子，似乎是个有限的范围，但是无论天上人间，女人无处不在。如果没有女人，人类不会有任何幸福或哀愁，不会有或对或错的窃窃私语，更不会有生命、死亡和人类的繁衍，因此人类也无法完成任何使命。

7. 人生需要不断学习

2001 年 11 月《成都商报》报道：每个周末，一名成女士（她要求不得泄露她的任何个人资料）都乘飞机赴京，参加北京大学每周六早上 8 时对分开课的应用金融学专业（证券投资方向）的研究生课程进修班。

进修班 2001 年上半年在新浪网发布了招生广告，不久，这名来自成都的女士就与北京大学中国经济研究中心取得联系，并于 9 月下旬正式报名。从那时起，这名成都女士就坚持每个周末乘机到北京进修，10 月中旬，她顺利通过入学考试，在缴纳每年 5 万元的学费后成为该班一员。

一位老师曾为她算过这样一笔账：至该班 2003 年 6 月结束授课，她每周往返一次，两年间除去假期约为 80 周，按每张机票 1130 元计，她两年间赴京上课的机票费约为：$1130 \times 80 \times 2 = 180800$ 元，也就是说，该女士为此次进修所花掉的机票费就超过 18 万元！

如果看这则消息，你的第一个念头或许是：值得吗？

也许这个例子有些极端。但是，在变化越来越快的 21 世纪，每个人既有的知识和技能很容易过时，因此要"不断充电"。花在学习上的投资是明智的。

许多人以为，学习只是青少午时代的事情，只有学校才是学习的场所，自己已经是成年人，并且早已走向社会了，因而再没有必要促进行学习，除非为了取得文凭。

这种看法乍一看，似乎很有道理，但其实是不对的。在学校里自然要学习，难道走出校门就不必再学了吗？学校里学的那些东西，就已经够用了吗？

希腊作家索伦说:"活到老,学到老。"

其实,学校里学的东西是十分有限的。工作中、生活中需要的相当多的知识和技能,课本上都没有,老师也没有教给我们,这些东西完全要靠我们在实践中边学边摸索。

可以说,如果我们不继续学习,我们就无法取得生活和工作所需要的知识,无法使自己适应急速变化的时代,我们不仅不能搞好本职工作,反而有被时代淘汰的危险。

有些人走出学校投身社会后,往往不再重视学习,似乎头脑里面装下的东西已经够多了,再学就会胀破脑袋。殊不知,学校里学到的只是一些基础知识,数量也十分有限,离实际需要还差得很远。

特别是在科学技术飞速发展的今天,我们只有以更大的热情,如饥似渴地学习、学习、再学习,才能使自己丰富和深刻起来,才能不断地提高自己的整体素质,以便更好地投身到工作和事业中。

据美国国家研究委员会调查,半数的劳工技能在 1~5 年内就会变得一无所用,而以前这段技能的淘汰期是 7~14 年。特别是在工程界,毕业 10 年后所学还能派上用场的不足 1/4。

因此,学习已变成随时随地的必要选择。

美国人认为:年轻时,究竟懂得多少并不重要,只要懂得学习,就会获得足够的知识。

于是,企业与公司里的上班族已成为学习市场上成长最快的人群。1992 年,全美企业员工中仅接受企业正式拨款学习的人数就增加了400 万,平均每人每年可以享有 31.5 小时的学习课程,因此全美企业员工的总学习时间增加了亿小时,相当于 25 万名全日制大学生的学习时间。

换句话说,大约要建几十所和哈佛大学规模相当的新大学,才能满足企业员工的学习需要。

目前，美国已有 26 家知名企业成立了自己的大学。学习的效益也日趋明显。在摩托罗拉，每花 1 美元投资在学习上，就可以连续三年提高 30 美元的生产力。

"用学习创造利润"——这已被管理学界和企业界公认为当今和未来"赢"的策略。

瓦尔特·司各脱爵士曾说："每个人所受教育的精华部分，就是他自己教给自己的东西。"已故的爵士本杰明·布隆迪先生愉快地回忆起这句名言。他过去常常庆幸自己曾经进行过系统的自学，而这一名言其实适用于每一个在文、理科或艺术领域内的成就卓著者。学校里获取的教育仅仅是一个开端，其价值主要在于训练思维并使其适应以后的学习和应用。一般来说，别人传授给我们的知识远不如通过自己的勤奋和坚韧所得的知识深刻久远。靠劳动得来的知识将成为一笔完全属于自己的财富。它更为活泼生动、持久不衰、永驻。而这恰恰是仅靠被动接受别人的教诲所无法企及的。这种自学方式不仅需要才能，更能培养才能。一个问题的有效解决有助于探求其他问题的答案，而这样，知识也就转化成为才能。无须设备，无须书本，无须老师，也无须按部就班的学习，自己积极的努力就是惟一的关键所在。

最好的老师乐于意识到自学之重要，并鼓励学生凭借自身的能力在积极的生活中磨练汲取知识。他们更多的是依靠磨练而不是直接传授，并努力使学生成为正在进行的工作中的一分子，这样的教育就比一味被动地接受知识的范畴和细节更为高明。

阿诺德先生竭力使学生依靠自身积极的努力得到提高，而他本人则仅仅是引导和鼓励。他说："比起把一个孩子送到牛津大学享受安逸舒适而不好好利用自身的优势，我更情愿把他送到几帝蒙的地里务农，那里他必须自耕自给，自谋生计。"在另一个场合他又说："如果真有令人感佩之事，那就是看到一个天性愚笨的人受到上帝的恩赐，得到诚恳、真挚、勤勉的培育。"当提到符合这一情形的一个学生时，他说："我要向他脱帽致敬。"

近年来，新技术、新产品和新服务项层出不穷，就业能力的要求随着技术进步的加速也在不断变化着。标准的提高，使得技术发展的要求与人们实际工作能力之间出现了差距，由此产生了一种相当普遍的社会现象：一方面失业在增加，另一方面又有许多工作岗位找不到合适的就业者；一方面争抢人才的大战异常激烈，另一方面又有大批在岗者被迫离开岗位。伴随着知识经济的来临，企业对劳动力不再只是数量需求，更重要的是对其质量有了新的标准和需求。强化知识更新，树立"终身受教育"的观念已成为时代的呼唤。

现在，的确有不少下岗职工急于求职，而忽视了参加培训学习，更新知识，有的甚至认为自己有一技之长，无须再"充电"，换哪个门庭都能干。殊不知，"终身职业"时代正在逐步消失，"终身教育"时代正大踏步向我们走来。实践证明，每当一种新的技术代替原来技术的时候，总要创造出新的就业岗位，乃至新的行业，如果我们的认识还仅仅停留在"一招鲜"上，就只能成为市场竞争的"弃儿"。

有一位在美国学习工作了十几年的博士，在多次经历过"美式下岗"后，深有感触地说了一句使大家深受自迪的话："没有职位的稳定，只有技能的稳定与更新"。为此，他和几位同去美国的好友不断学习新知识，掌握新技能，努力适应新产业、新岗位的挑战和需要。在念完数学博士学位时，他们预感到计算机的发展前景，又就读了计算机专业。如今，这位博士和他的朋友们都在美国"硅谷"等高科技领域或大学工作，并不断在新的工作岗位上作出了显著成绩。

第二节 理想观

1. 理想观指的是什么

何为理想？套用现代字典的解释，即对未来事物的想象或希望。理想与空想、幻想不同，是指有根据的、合理的想象。理想，在中国古代被称为"志"，即心中的意愿及决心。古人云："志不立，天下无可成之事，虽百工技艺，未有不本于志者。今学者旷废隳惰，玩岁愒时，而百无所成，皆由于志之未立耳。故立志而圣，则圣矣；立志而贤，则贤矣。志不立，如无舵之舟，无衔之马，漂荡奔逸，终亦何所底乎？"

人们常常将理想比作沙漠中的绿洲，暗夜里的灯光，生命里的号角。列夫·托尔斯泰曾说过："理想是指路明灯，没有理想，就没有坚定的方向，没有方向，就没有生活。"由此可见，理想的重要性。而作为当代的青少年的我们，谁也不敢轻易的说：对自己的人生失去了信心，没有了理想。但，我们对理想的认识深刻吗？能清楚地知道自己在为怎样的理想而奋斗着，徘徊着亦或是挣扎着？理想对于人们，不，更近一步来说，对于我们这些即将走入社会的青少年而言，又具有怎样的意义？那么，什么才是正确的理想观？目前的青少年们的理想又存在着怎样的影响？

为了了解当代青少年的理想观及其利弊，我们在网上进行了对于青少年理想观的调查，根据其结果，大致上总结出了以下几个方面：

青少年理想观的积极因素。大多数青少年怀有目标。据分析，大多数学生有着或短期或长期的目标及理想，并尽可能的努力去实现。当回答"作为当代青少年，请问您拥有理想吗？"时，36.5%的青少年表示"有长远理想，但没有计划，凭感觉走"；33.7%的青少年表示"有短期理想，但还没有计划去实行"；18.3%的青少年表示"有长远计划，并一直奋斗着"；8.7%的青少年表示"以前没有理想，但已经在思考"；而只有2.9%的青少年表示"没有理想"。

近一半以上的青少年相信能实现自己的理想。数据表明，当提出"对于未来是否有信心实现自己的理想？"时，51.4%的青少年表示对未来虽然不是饱满信心，不过仍会积极尽力实现。而对未来没有信心，希望有好机遇，幸运之神眷顾，将理想的实现托付于其他人的青少年占8.1%。对未来非常有自信，即"好有信心，认为只要肯努力，一切可以变得更好"的青少年占27%。"没想过一定能实现，应对现在打算"的青少年占13.5%。

乐于学习除专业外的课外知识。近九成的青少年表示愿意学习课外知识。而当提出"如有机会接受其他课外学习，一下比较感兴趣的是"时，位列前三位的依次为第二语言、金融财经、心理知识。

确立理想时能够以正确的价值观为指导。大多数青少年在关心国家大事，关注国内外重大事件的同时，自身的民族意识、国家意识不断加强。且通过对马列主义、毛泽东思想、邓小平理论和"三个代表"的学习，能够正确认识其重要性，并以此为指导确立正确的理想观。

青少年理想观的消极因素。尽管很多人身怀理想，但大多定位不明确。据调查显示，62.2%的青少年表示"一般清楚，有总的构想，但不是具体的"；而 *21.6%* 的青少年表示"很清楚，一直以来都有规划"；只有 *13.5%* 的青少年表示"不清楚，还没找到自己的理想"及 *2.7%* 的青少年表示"从未想过自己的理想、未来，一天过一天"。不难看出，当今的青少年大多对于理想只是把握大致方向。走一步，看一步，究其原因，无非是在于个人的自信及努力不足。

只为自己或实现自身价值而奋斗，很少思考社会及集体利益。近一半的青少年在确立自己的理想时，是根据个人兴趣制定的。因此，在提到坚持自己理想的原因时，一半多的青少年表示，是为了过好日子，只有 *28.8%* 的青少年表示是为报效祖国，实现人生价值。

虽有很多学生乐意学习课外知识，但大多光说不练。许多学生都了解学习的重要性，并亦有想要学习的欲望，但由于个人惰性或毅力不足等因素，致使青少年生活中的大多数时间花费在无用功上。在选择"花费时间比例较高的"选项时，娱乐休闲位居榜首，其次为睡觉。因此，如何才能明确自身的理想观，已成为了当务之急。

应对消极因素的解决方案：

提高自信，加强对自身理想的追求。由于对未来的理想易产生迷茫，所以很多人往往容易因一个挫折或失败而放弃理想。如，在选择大学时，大多数人都选择服从调剂，这从某种角度来看，亦可以称之为缺乏自信的表现。追根究底，其原因便是由于个人对于自身的自信不足，因此，要注重自信心的提高。

明确理想。青少年们在确定方向时，往往只是把握大致方向，如果能够明明白白的确立理想，那么，在前往未来时将省去很多不必要的麻烦。除此之外，如能及时或及早确立理想，或许能够将自身闪光点体现出来，成就非凡的成绩。若非如此亦将可能在无形之中扼杀潜在的才能。如，在中学里，许多老师整天只把"上重点高中"、"读名牌大学"挂在嘴上，时刻强调分数。而在网络、杂志等更多途径中，亦在有意无意的透露出，"好"生活的标准即开名车，住别墅，衣来伸手，饭来张口，钱多到烧也烧不完等等。甚至更多的人将"学好知识，上好大学，找好工作"定位为"未来计划一条龙"，从而扼杀了许多还未来得及发现的"天才"。

将个人的理想观与社会、集体相联系。当人们提到理想时，往往将理想判定为个人的事情，或是最先想到"这是自己的事"，而不会与集体、国家等社会因素相结合。但如能细细理解，便能体会出其深意。尤其是作为一名青少年，理想将关系到其能否成材，以至于整个社会能否健康发展的重大问题。而随着时代的变革，青少年们的理想亦在逐渐发生改变。尤其是身处于当今这个物欲横流的时代，各种各样的腐朽思想、不良文化等"陷阱"，无时无刻不影响着新一代的健康成长。

树立正确的人生观、价值观、世界观。只有树立正确的人生观、价值观、世界观，才能以此为指导，进而树立正确的理想观。因此，也就决定了，在学习马列主义、毛泽东思想、邓小平理论和"三个代表"等理论知识的同时，应从中了解并挖掘其中更深层次的意义。将自身的理想，时刻与祖国人民相结合，加强民族自豪感，并以此来提高自身理想的层次。从而使我们走向更加宽广的舞台，更加深刻的界面。

由此可见，不得不承认理想在我们的生活中，起着至关重要的作用，仿佛在无形之中指引着我们前进的脚步。理想如晨星，我们永远不能触到，但我们可像航海者一样，借星光的位置而航行。理想并不是一种空虚的东西，也并不玄奇；它既非幻想，更非野心，而是一种追求善美的意识。生活的理想，就是为了理想的生活。理想即生活的真谛，我们第一生存的理由。就像那句名言里说的一样——理想是世界的主宰。

2. 在心里树起信念之旗

人，只要有一种信念，有所追求，什么苦都能忍受，什么环境也都能适应。

人类的精神支柱就是信念，信念也是意识的核心部分。信念是人生征途中的一颗明珠，既能在阳光下熠熠发亮，也能在黑夜里闪闪发光。每个人的立身之本就是信念。

志在心存信念

曾经有三个农民，他们正在羊圈中守卫自己的羊群。当他们感到地震时，都开始向外跑去，第一个最先跑出去，然后就是第二个，之后就是第三个。当前两个农民都逃出时，土墙轰然压倒下来，当然第三个人没能逃出来。

但是第三个农民是幸运的，他有一点微薄的空气在支持着他的呼吸。但是，那点空气也是不行的，他在死亡的边缘徘徊。在这时，有一种坚强的信念一直支撑着他，那就是他认为自己的生命是不能就这样死去了。于是他奋力地挣扎着，奋力地用手刨着土，以尽可能地得到生还的机会。就这样，一直过了十几个钟头，在已奄奄一息时，他听到了救援队员的脚步和嘈杂的声音，这时的他已经没有喊叫的力气了。终于，人们用手把他挖了出来，他被挖出的那一刻，便彻底失去了知觉。可是他终于成功地活了下来。医生说，一个人在那样稀薄的空气中，能够存活半个小时就已经算是个奇迹了。

信念是什么？在很多时候，信念就是支撑我们生命的力量。第三个农民就是凭着自己的生存信念，一直支撑到最后，把自己的生的力量定为人生最重要的东西。生命中往往就是因为有着一种坚定的信念才支持着人们去坚定自我。

我们在生活中，更要有坚定的信念在心中，想问题时不要先把困难摆在面前，一定要充满激情，敢于进取，敢于探索。

信念就是这样一种东西——别人在你的信念中活着。你在别人的信念中活着，然后，为了共同的信念走到一起，携手并进。因此，在我们的生活中，才会有那么多的阳光，生活才会绽放出美丽的花朵。

决堤毁坝是一个很可怕的事情，但没有信念的生活更是不敢想象的，人长着大脑为的是思索人生，人长着双手是为了创造未来。人们常这样说：坚定的信念胜过聪明的懒汉。

人的观念有时会随时随地改变，而信念是牢固的观念，是不会改变的。信念是一个人生活的动力，如果一个人的信念系统出了问题，在百分之九十五的行为中都会出问题，结果可想而知。一个人只要有了坚定的信念，就是拥有了成功的第一章。

青少年也要心存信念，把人生中觉得重要的东西坚定下来，为了自己心中所想去完成自己的学业，追寻自己的梦想，这也许就是信念之所以重要的缘故吧。

心里要树立坚定的信念

有一年，一支英国探险队进入撒哈拉沙漠的某个地区，在茫茫的沙海里跋涉。阳光下，漫天飞舞的风沙像炒红的铁砂一般，扑打着探险队员的面孔。口渴似炙，心急如焚，大家的水都没了。探险队长在此时拿出了一只水壶，对大家说："这里还有一壶水，但穿越沙漠前，谁也不能喝。"

就这样一壶水，成了穿越沙漠信念的源泉，成了他们求生的寄托目标。水壶在队员手中传递，那沉甸甸的感觉使队员们濒临绝望的脸上，又露出坚定的神色。终于，探险队顽强地走出了沙漠，挣脱了死神之手。大家喜极而泣，用颤抖的手拧开那壶支撑他们的精神之水——缓缓流出来的，却是满满的一壶沙子！

从这里我们就可以看出信念的力量是多么的惊奇，它能够帮助一个人克服困难，同时也是战胜困难的信心源泉。越是在艰苦的环境中，信念的伟大体现的越淋漓尽致，之所以伟大，就是会让人在任何环境下奋起！人如果丧失斗志和力量，就可以看出这个人没有坚定不移的信念。

炎炎烈日下，茫茫沙漠里，真正救了他们的，难道是这一壶沙子吗？真正救了他们的是自己的信念。执著的信念，已经如同一粒种子，在他们心底生根发芽，最终领着他们走出了"绝境"。

有了信念就有了追求与向往。它像逆境中扬起的风帆，带着我们驶向成功的彼岸。它能让我们在顺境中充分利用有利条件，不断向前发展。所有的逆境都是外在条件，坚定不移的信念才是必不可少的。

生活中，人生从来没有真正的绝境。只要一个人的心中还怀着一粒信念的种子，那么总有一天，他就能走出困境，让生命重新开花结果。其实，我们的人生就是这样，只要种子还在，那么希望就在。

信念是一种见解，是认识情感和意志的统一表现，它还是一种综合性、稳定性，是人支配一切事物的持久性很强的心理品质。在社会生活中，人总是从自己的信念出发去观察周围的事物，又总是根据自己的信念，站在不同的立场上去判断是非。同时，人又总是为了自己的信念去努力奋斗。

信念是人生中最值得我们去珍惜的，青少年在日常生活中，要不断地在心里树立起一面信念之旗，时常把信念当做第一去学会追逐自己的梦想，那么自己的梦想就能在坚定的信念中不断发芽、壮大。

3. 用崇高的目标引导生活

崇高的目标是需要将期望确定在自己能力所及的范围以内去适当地进行自己既定的追寻计划的。每个人的能力都有一定限度，既有优势又有劣势，一个懂得自己的人应该能对自己的能力作出客观评价，并据此行事。如果通过自身努力最终实现既定的目标，那么在获得成功的过程中，个人的需求得以满足，个人的价值得以体现，自信心得以巩固和加强。

确立自己的崇高目标

日本曾经著名的长跑运动员山田本一在马拉松长跑中获取胜利的诀窍是自己的目标。他在每次的比赛之前，都会把比赛的路线仔细看一遍，把自己认为最难的定为最终达到的目标。比如，在第一个标志下记作银行，这样自己在冲刺的时候就会朝向既定的目标，不断地去打破先前的记录。等到第一个实现后，继续第二个目标，就这样，最后他轻松地跑到了最终的目标地点。

这就是自己的既定目标的实现，既定的目标也许是一个很平常的目标，但是那却代表着你要为之而奋斗的结果。

崇高的目标是需要个人在奋斗中去把握的根本，心中向着一个前进的方向，去努力，朝着最初的想法去不断完善。把目标责任制了，增加自己的责任心，这样自己的目标就有可能更好地实现。

青少年在学习中，要时刻给自己定一个合理的目标，围绕着这一目标去完成自己的学习任务。确立好自己的目标，对自己的以后学习也是一种很大的帮助。远期的目标实现，像马拉松赛跑一样，需要一点一点地去实现，一步一步地向上攀登。

引导生活，学会用崇高的目标

汉代的大史学家司马迁，曾经因为直言纳谏，指出皇帝的错误，让皇帝改变自已的做法。但是却得罪了皇帝，被投进了大牢。遭受了辱没人格、惨无人道的最严重的宫刑。然而，个人的奇耻大辱并没有让司马迁一蹶不振，出狱后，他游遍了祖国的名山大川，阅遍了各类的经史典籍，发奋著书的立说，终于在年老时完成了中国最早的一部纪传体通史《史记》，后人称之为"史家之绝唱，无韵之离骚。"

司马迁的事例让我们知道了，崇高的目标不在于事情的好与坏，而是看它的发展。并不是什么事情都是一成不变的，要把崇高的目标看成是人生中的大事情，不能把个人的情感强加在目标之上，有了困难目标就消失了。困难是压不倒我们的崇高的目标的，真正的生活是多元化的，崇高的目标在于平凡的事情中创造出新的财富。

崇高的目标就是为了成为最好的你自己，最重要的是要发挥自己所有的潜力，追逐最感兴趣和最有激情的事情。当你对某个领域感兴趣时，你会在走路、上课或洗澡时都对它念念不忘，你在该领域内就更容易取得成功。更进一步，如果你对该领域有激情，你就可能为它废寝忘食，连睡觉时想起一个主意，都会跳起来。这时候，你已经不是为了成功而工作，而是为了崇高的目标而忘我地学习了。毫无疑问的，你将会从此得到成功。

微软大王比尔·盖茨曾说："每天清晨当你醒来的时候，都会为技术进步给人类生活带来的发展和改进而激动不已。"从这句话中，我们可看出他对软件技术的崇高目标的追逐。1977 年，因为对软件的热爱，比尔·盖茨放弃了数学专业。如果他留在哈佛继续读数学，并成为数学教授，你能想象他的目标将被压抑到什么程度吗？

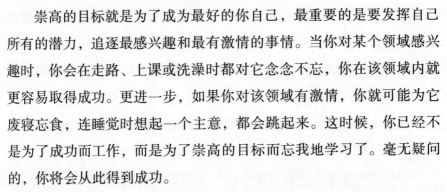

比尔·盖茨的好朋友，世界第二富人华伦·巴菲特也同样认可激情的重要性。当学生请他指示方向时，他总这么回答："我和你没有什么差别。如果你一定要找一个差别，那可能就是我每天有机会研究我的事业。如果你要我给你忠告，这就是我能给你的最好忠告了。"

比尔·盖茨和华伦·巴菲特给我们的另一个启示是，他们的目标并不是庸俗的、一元化的名利，而是为了自己崇高的目标。

青少年朋友们，当你们了解自己的同时，努力地发现自己，挖掘自己的目标和兴趣，主动提升自己，并在提升过程中客观地衡量进度，这样才能获得成功，才能成为更好的自己。努力不懈地追求进步，那么你的每一天都比昨天更精彩。

4. 信念指的是什么

信念若能改变其中使你设限的部分，那么在很短的时间内便能使你的人生整个改观。请记住，信念一旦被接受，就有如对我们的神经系统下了一道紧箍咒，它可以激发潜能，也可以毁灭潜能，它可能扩展也可能毁掉你的现在和未来。

如果你希望主宰自己的人生，那么就必须好好掌握自己的信念。第一步就是你得知道信念是什么。

信念到底是什么。在日常生活里我们常常脱口便能说出一长串的话，其中到底有没有什么意义并不是十分清楚，"信念"这个字眼大家都常用，可是不一定人人都知道它的真正面貌。

安东尼·罗宾曾对信念有过如下定义："信念乃是对于某件事有把握的一种感觉。比如说当你相信自己很聪明，这时说起话来的口气便十分有力量，'我认为我很聪明。'当你对自己的聪明很有把握时，你就能充分发挥潜力，作出好的成绩来。对于任何事每个人都有自己的主见，即或不然也能从别人那里问得答案，然而自己若是个优柔寡断的人，亦没有坚定信念或对自己实在是没有把握，那么就很难充分发挥所拥有的各样能力。"

要想了解信念并不难，不妨可以从信念的最初形式"念头"来谈起。每个人日常生活中都有许许多多的念头，不过可不都是深信不疑的。就以你自己为例来作个解说，或许你认为长得挺吸引人的，当你说："我很吸引人。"这可能只是个突发的念头而已，若要成为一个信念还得看你相信这句话的程度。如果你说："我并不怎么吸引人。"这话意思就犹如："我没多大信心自认为长得吸引人。"

然而你要怎样才能把念头转化为信念呢？在此可以打个比方，假设你把念头想象成是一个没有桌腿的桌面，当一个桌子没有了桌腿就不足称之为桌子。同样地，信念若没有支撑就不足以称之为信念，而只能算是个念头而已。如果你自认为长得吸引人，请问你何以敢如此有自信？难道你有什么样的"依据"支持你这么说吗？若是有，这就构成你信念的支撑，使你有把握敢这么说。

你到底是有什么样的依据呢？是有人告诉你很吸引人吗，或者是你从镜子中所见并跟周围那些也具有吸引力的人比较过，还是走在街上不时有人向你投以羡慕的一瞥。不管有多少这类似的依据，除非你把它们归之于"你有吸引力"这个念头的名下，那才足以构成这个信念的支撑桌腿。

一旦你明白了人所说的这个比方，不妨可以审视一下自己的信念是如何形成的，同时也想想如何可以改变不喜欢的信念。从上面所说的可以知道，只要有了足够的支撑——足够的依据或参考，差不多没有什么是不能建立成信念的。在此，你相信人性本恶，当与人打交道时常常担心会吃别人的亏，还是你相信人性本善，只要对人好别人也会同样地对你好。从多年的经验中或从别人处得知，相信你的心里已经有数。

问题是这两个信念到底哪个才是对的呢？答案是你别管哪个是对，哪个是错，重要的是哪个能帮助你过得更快活。也许周围的人可以提供你答案，让你对自己的看法更有自信，不过这些是否能使你日常的生活过得更积极呢？不错，个人的经验是最有用的，然而你这些经验又是从何而来的呢？是看书、听录音带、看电影、听别人说的，还是纯粹发自于自己的想象？这些得来的依据必然会激起我们的情绪反应，其程度的强烈自然会影响到支撑我们信念的强度。个人的痛苦或快乐经验会造成情绪上很大的反应，其越强就越能对信念提供坚固的支撑；另外个人类似经验的多寡也深深影响着信念的强弱，不用说支持一个信念的依据越多，所形成的信念就越强固。

这些构成你信念的依据得精确到什么样的程度才能为你所用呢？其实这没什么关系，不管它是真实的还是虚假的，是坚定的还是摇晃的。因为经过个人的认知，就算是再强固的个人经验也必然会被扭曲的。

由于人类具有这种无中生有的扭曲本领，因而要想寻找构成信念的依据可说是没有穷尽的。我们不要管这些依据的出处、不要管它是真的还是假的，只要把它当成是真的去接受就能发挥效果。

当然，若是我们的信念是消极的，哪怕是再假的依据也会造成极大的负面影响。既然我们有能力运用想象的依据来推动自己向前追逐美梦，那么只要想象得越活灵活现，好像它就是真的一样，就能使我们越容易成功。

为什么有这种现象呢？那是因为我们的脑子根本分辨不出何为真

实，何为生动的想象，只要我们相信的程度越强烈，并且反复地练习，我们的神经系统便会把它当成真的，即使它是100%想象出来的。几乎每一位有杰出成就的人都有这种能力，他们能无中生有出可用的依据，因而又充分的把握，做出别人认为不可能的事来。

凡是使用过电脑的人，相信对"微软"这家公司不会陌生，然而大多数的人只知道它的创始人之一比尔·盖茨是个天才，却不知道他为了实现自己的信念而孤独的走在前无古人的路上。

当时盖茨发现在墨西哥州阿布凯基市有家公司正在研究发展一种称之为"个人电脑"的东西，可是它得用BASIC程序语言来驱动，于是他便着手开始进行编写这套程序并决心完成这件事，即使他并无前例可循。盖茨有个很大的长处，就是一旦他想做什么事，就必定有把握给自己找出一条路来。在短短的几个星期里盖茨和另外一个搭档竭尽全力，终于写出了一套程序语言，因而也使得个人电脑问世。盖茨的这番成就造成一连串的改变，扩大了电脑的世界，三十岁的时候成为一名家产亿万的富翁。

的确，有把握的信念能够发挥无比的威力。

5. 信念为励志之本

两支足球队于场上交锋，一队势如破竹，另一队节节败退。但是突然间，居劣势的那队获得重大转折——可能是一记长传或中途拦截等等，获胜希望增强为一股信念，令球员个个士气大振。他们感到胜利在望，而这种感觉在对手眼神的刺激下更为强烈，许多球员因而心中想道：好，再拼下去！人生也是如此。当我们感觉好事将到临时，就会变得精神百倍。当我们感到大势已去，就会像泄了气的皮球，满脑子消极思想。这就是为什么动机在好事或坏事临头时，皆相当重要的原因，也是一个人要像填饱肚皮那般，定期补充动机的能源以成就各种事业的原因。

融入一个新观念，建立一个增进信心的新想法，或是出现一个有意义的念头，能够令人精神大振，凝聚为动力。人在积极向上时，表现及学习的情形就会更好，此刻你该贮存一些向上奋斗的动机，等到遭遇挫折时就会派上用场。例如，每个推销员不论年资多久，都会告诉你，当你在挣扎求生之际，一旦有所突破，自然便会一帆风顺。你做成一笔大生意后，另一笔会跟着来，你的动力在期待的心理下自然也跟着升高。

不幸的是，这种情形也可能反其道而行之。当你接二连三地失利后，就会开始怀疑自己，等着别人向你说不，然而，此刻你其实已快打动顾客的心了。但不少推销员却早早罢手，于是永远没机会弄清楚自己是否具有成功销售的能力（其他更具挑战性的职业也是这样）。

美国学者皮特森博士在《美满家庭》月刊中说得好：人在一生中总有彻头彻尾失败的时刻。许多人任由失败的恐惧摧毁了他。事实上，恐惧本身还较失败更具破坏力，不管在人生的哪一层面，只要你对失败深怀惧意，你尚未起步就已被击垮了。而有些人却能从失败中重新站起，发挥潜能，迈向成功。关于这一点，下面的这个故事就是一个典型的例子。

杰克是一个冷酷无情的人，嗜酒如命且毒瘾甚深，有好几次差点把命都给送了，就因为在酒吧里看到一位不顺眼的酒保而犯下杀人罪，后来被判终身监禁。他有两个儿子，年龄相差才一岁，其中一个跟他老爸一样有很重的毒瘾，靠偷窃和勒索为生，目前也因犯了杀人罪而坐监。另外一个儿子可不一样了，他担任一家大企业的分公司经理，有美满的婚姻，养了三个可爱的孩子，既不喝酒更未吸毒。为什么同出于一个父亲，在完全相同的环境下长大，两个人却会有不同的命运？在一次个别的私下访问中，问起造成他们现况的原因，二人竟然是相同的答案："有这样的老子，我还能有什么办法？"

我们经常以为一个人的成就深受环境所影响，有什么样的遭遇就有什么样的人生。这实在是再荒谬不过了，安东尼·罗宾对此曾说过一句非常精辟的话："影响我们人生的绝不是环境，也绝不是遭遇，而得看我们对这一切是抱持什么样的信念。"

越战期间有两位美国飞行员的座机被北越的高射炮击落，因而被俘并分别关在戒备最森严的法罗监狱中。他们被钉上手铐脚镣，日夜不停地遭受拷问以逼供军情，在这样的折磨下二人对未来却有完全不同的想法。一位认为这辈子是完了，要想免去受不完的罪唯有一死，于是他便自杀了；但是另外一位可不这样想，他把这场非人的遭遇视为上天对他的考验，要磨练出他不屈不挠的意志。这位勇士就是吉拉德·考菲上尉，他把在北越监狱中所遭受的酷刑告诉了全世界，也因而印证了人类的意志足能克服各样的痛苦、挑战和困难。

由上述的例子可以看出，能够决定一个人的一生的，不是环境也不是遭遇，而得看你对这一切赋予什么样的意义，也就是说你是用什么样的认知，这不仅会决定你的现在也会决定你的未来。事实上，人生到底是喜剧收场，还是悲剧落幕，是丰丰富富的，还是无声无息的，全在于人们所持有的是什么样的信念。

6. 信念能将美梦付诸行动

安东尼·罗宾说的好："就我而言，信念最真实之处便是让我能充分发挥所长，将美梦付诸行动。"

人们常常会对自己本身或自己的能力产生"自我设限"的信念，其中的原因可能是因为过去曾经失败过，因而对于未来也不希望会有成功的一日。出于这种对失败的恐惧，长久下来他们便开始学得"务实"。有的人经常把"务实一点"这句话挂在嘴边，事实上他仍是害怕，唯恐再一次遭到挫败的打击。长久以来内心的恐惧成为了一个根深蒂固的信念，当遇到事时便踌躇不前，即使做了也不会尽全力，不用说结果必然不会有多大的成就。

伟大的领导者很少是"务实"的，他们非常聪明，遇事也拿得准，可是就一般人的标准来看他可绝对不务实。然而什么叫做务实呢？那可全然没个准，就甲看来是件务实的事，可是换成了乙就全然不是那回事，毕竟是不是务实，那全得看是以什么样的标准而定。

印度国父甘地坚信采取温和的手段跟英帝国主义抗争，可以使印度获得民族自决的权利，这是前所未有的事，就很多人来看这可是痴人说梦话，不过事实却证明他的看法极为正确。

同样的情形，当年有人放话要在加州橙谷建造一座有特色的游乐园，让世人在其中能重享儿时的欢乐，有好多人都认为那简直是在做梦，可是沃特迪斯尼却像历史中少数那些有远见的人一样，把神话里的世界真的带到这个并不美丽的世上。

如果你打算人生中做出一件错误的事，那么就低估自己的能力了（当然，那可不能危害到自己的生存），不过这件事可并不容易做，毕竟人类的能力远大于所能想象的程度。事实上根据许多调查，发现悲观的人与乐观的人在学习一样新的技能时有很大的差异，前者只想做到合乎要求即可，可是后者往往却想做到超过能力所及的地步，就是这种对自己不务实的要求造成后者的成功。

为什么最终前者会失败而后者会成功呢？因为乐观的人心里根本就没有成功或失败的依据，即使有他们也刻意不去注意，从而就不会产生像"我失败了"或"我不会成功"的念头。相反的，他们不断加强自己的信念、不断地发挥想象力，期望后面的每一步都走得更好，以至于终于成功。

就是这种特质和不寻常的观点，让他们得以坚持不懈，以达到所期望的成就。成功之所以让那么多人向往，仍是因为他们在过去并未有过足够的成功经验，可是对于那些乐观的人来说，他们只有一个信念，就是"过去并不就等于未来"。一切伟大的领导者，不论他们是在人生的哪个领域中有杰出成就，都知道全心追求理想所能发出的力量是无比的，哪怕他们丝毫不知道要怎么去做。如果你能有积极信念，其所衍生的信心必然能使你完成各样的事情，即使是别人认为不可能的。

7. 建立一个强烈的信念

现在你要如何来建立一个强烈的信念呢？安东尼·罗宾给我们提出了如下建议：第一，你得先有一个起码的信念。其次是你得不断吸收新的有力的依据，以强化这个信念。在此让我们假设你打算从此不再吃肉，要想强化这个决心你不妨去请教吃素的朋友，问问他是什么原因促使他改变成这样的饮食习惯？这对他的健康及生活方面造成何种影响？除此之外你还得去找资料，了解动物性蛋白质对人体有什么样影响？第二，给自己找一个印象深刻的例子或自创一个，让自己明白若不这么做可能得付出什么代价，并且不断提出质疑以迫使这个信念达到深信不疑的地步。就比如说你决心抗拒吸毒，要想建立这样的信念，最好的办法就是给自己一个对吸毒有强烈痛苦感受的经验，你可以去看这类的影片，甚至更好的作法是亲自去见识受毒品折磨的人。如果你想戒烟，不妨去拜访医院的加护病房，观察一下患肺气肿而躺在氧气罩里的病人，或者看一看老烟枪肺部的 X 光照片。诸如上述的经验相信定然能使你建立真正强烈的信念。第三，付诸行动，因为每一次的行动必定会强化这个信念，使你有更强的决心持有这个信念。怀有强烈信念的人，其信念的建立是由于别人的热情所致，他们之所以相信得那么坚定，是因为别人也这么相信，这种现象在心理学上有个称呼叫作群体现象。当人们对于某件事没有把握时，常常会看周围的人是什么个做法，然而这并不一定真有帮助，因为他人也可能是错的。

在罗伯·查丁尼博士所著的《影响》一书中曾举出一个例子，那是个很独特的实验，就是由一个女人在大街上向一位不知情的路人大叫："救命！有人强暴！"而旁边另外再安排两位乔扮的路人，对此呼救声不闻不问而依旧往前走去。这名被当做实验对象的不知情路人在听到呼救声时，所作的反应不是立刻前去搭救，而是转头看看旁边的两个人有何动静，可是当他看到的是一脸的漠然，他也就无动于衷。

像这个跟着大家走的群体现象会妨碍一个人的发展，而影响最大的群体现象就是太过于相信专家，难道专家就永远是对的吗？

我们不妨以医生为例，就在不久之前，一些受过最现代化教育的医生还绝对相信水蛭吸血的医学效果。另外，前不久医生还流行开始给孕妇一种能治早晨精神不振的药，结果后来造成胎儿畸形。为什么医生会开出这样的药呢？还不是因为相信了药厂专家的话，告诉他们这个药是当前最有效的。从这里你便可知道，一味的相信专家还不如没有专家，专家的话固然可信度较高，可是你在相信之前最好先求证一下，这是否有道理呢。

有时候你自己的经验也不见得就一定可信，就以造成很大影响的波兰天文学家哥白尼事件为例，当时的人都认为太阳是绕着地球在转。为什么他们会有这种看法呢？因为每个走在屋外的人都会指着天空说："瞧，太阳从东走到西，由此可见地球是宇宙的中心。"然而在 1543 年，哥白尼率先做出一套以太阳为中心的太阳系模型，他就跟历史上其他的伟人一样，有勇气向当代专家的"智慧"挑战。虽然他的论点并未被当时的人们接受，不过今天已为举世所公认，成为天文学发展的基石。

第二章

学习观与时间观

第一节　学习观

1. 学习观指的是什么

21世纪是一个充满变革、不断超越的世纪，是一个强调"把人作为发展的中心"的世纪。面对这种新形势，党的十六大报告在提出全面建设小康社会的奋斗目标时，强调要"形成全民学习、终身学习的学习型社会，促进人的全面发展"。这个战略性指向，高屋建瓴充分体现了与时俱进的时代精神。要创建学习型社会，首先要实现学习观的破旧立新。

所谓学习观，就是对于"学习"总的认识，也可以说是学习观念、学习理念。在这一点上，有个破旧立新的问题，即老的理念要破除，新的理念要立起来。

破除老理念，指的是要破除不合时宜的观念。主要有三：一是在对"人"的学习的看法上，认为"一学可定终身"，读几年、十几年书，一辈子就够了。二是在对"机关"的学习的看法上，认为"饱学无须再造"，大家都是"饱学"之人，是严格挑选进来的，要文凭有文凭，要素质有素质，强调机关学习，没有必要。机关，把工作干好就行了。三是在对"社会"的学习的看法上，认为"重学难以奏效"，现在搞市场经济，关系重于知识，会跑胜于会学，甚至认为"读书无用"。这些老观念，很难说是普遍的，但它确确实实根深蒂固。它们的产生、形成有一个漫长的历史过程。要彻底破除这些不合时宜的观念，也要一个较长的过程，而且这个过程会是艰苦的、渐进的。没有这样的思想准备，指望一夜之间端正对学习的态度和看法，那是不切实际的空想。

在"破旧"的同时，要大力树立四种新的学习理念：

要树立学习是生存和发展需要的理念。据联合国教科文组织专家分析，农业经济时代，一般读6至7年书就足以应付往后40年工作生涯之所需；工业经济时代，求学的时间延伸到14至15年；在信息技术高度发达的知识经济时代，人类必须把9至12年制的学校义务教育延长为"80年制"的学习，否则，就谈不上很好的发展，甚至连生存也会成问题。对于每一个人来讲，学习是为自己的未来而投资，是为自己的生存而积累，是为自己的发展而"储蓄"。联想集团不断发展进步的一个重要诀窍，就是联想人"每一年、每一天都在学习"。没有联想对于学习的高度重视与实践，就没有联想的辉煌。企业如此，机关同样如此。

要树立终身学习的理念。过去，一谈起学习的话题，总是把它局限在"学生"、"学校"、"学人"的范围，把它局限在人生的少年、青年阶段，这是片面的。如今，知识更新的速度越来越快，知识倍增的周期越来越短。上个世纪60年代，知识倍增周期为8年，80年代缩短为3年，进入90年代之后，知识更新速度更快，人类真正进入了知识爆炸时代。要适应知识经济时代的要求，就必须不断进行知识更新，坚持终身学习。正因为如此，一些发达国家和地区都出台了推动终身学习的法律政策。美国于1976年通过了《终身学习法》。"终身学习是知识经济的成功之本"，美国前总统克林顿在一次演讲中说，"假如我们实现了这一目标，它将爆发出无限良机，并改变每一个年轻人的未来。"经济发展雄居全球之首的美国，对终身学习更看得何其重，放得何其高，我们应借鉴和仿效。此外，还要明确，终身学习不是终身在学校读书，它的内涵是终身不停地吸收新信息，获取新知识，增长新本领，以适应新挑战。

要树立工作学习化和学习工作化的理念。在知识经济时代，工作与学习合二为一是一个必然的趋势。这个理念有四个特点：一是"交融"。学习之中有工作，工作之中有学习。二是"互动"。学习促进工作，工作促进学习。三是"转化"。学习成果就是工作成果，工作成果也就是学习成果。四是"方式创新"。在工作中学习，在学习中工作。把学习引入工作，把工作引入学习，实现工作学习化，学习工作化，这是创建学习型单位应努力达到的一个目标。

要树立学习也是政绩的理念。学习能够创造政绩，这是显而易见的。只有学习好的机关，才能成为履职好的机关、创新好的机关、管理好的机关。学习是出政绩的重要手段。学习搞得好，信息就灵，思维就活，眼界就宽，办法就多，干起工作来就得心应手，因而就比较容易出政绩。

过去，考察干部的政绩，往往是看其"德、能、勤、绩、廉"。在知识经济时代，应加上"学"这一条。"学"与"德、能、勤、绩、廉"既是因果关系、包容关系，又是并列关系。突出考察干部的学习，对于增强其"德、能、勤、绩、廉"，促进人的全面发展，是大有裨益的。

2. 相信知识改变命运

青少年朋友们，冥冥之中，是什么主宰着我们的命运？我们要怎样才能改变自己的命运呢？著名导演张艺谋就回答了这个问题："无论是名扬全球的科学家，艺术家，或是一个普通百姓，都是知识改变了他们一生的命运。"

知识改变命运，学习成就未来

三国时期，诸葛亮羽扇纶巾，上知天文，下知地理，运筹帷幄，决胜千里，这力量就来自于知识；一代伟人毛泽东博览群书，海纳百川，领导全国人民改变了中国的命运，用知识谱写出了光辉的篇章。是知识，让高尔基扼住了命运的咽喉；是知识，让爱迪生从贫民窟走入了曼哈顿；是知识，让轮椅上的霍金成为了全世界的骄傲！

青少年朋友们，知识改变命运，学习成就未来。据说，犹太人父母在他们的孩子出生时就在书本上滴上蜂蜜，让孩子吃，为的就是告诉孩子们，看书就跟吃蜂蜜一样甜。所以犹太人特别爱看书，曾经有人统计过，平均每个犹太人一年要看三百多本书，他们从书中积累了很多丰富的知识。世界公认，犹太民族是世界上最有创造力的民族。可见，知识是获得光明的最好电器！

青少年朋友们，当今社会最注重什么？人才！因为人才是促进社会发展的动力，只有掌握了足够的知识，才能成为人才，成为对社会有用的人，反之，我们就很难被社会认可，终将被社会所淘汰。一个有知识的人能改变自己的命运，一群有知识的人能改变国家的命运！所以，知识就是力量！

青少年朋友们，知识的海洋是无边无际的，它对于一个人、一个团体、一个民族来说是多么的重要。知识是我们精神的需要，知识是无穷无尽的，在我们不断汲取知识营养的同时，知识已经化为了一股力量，让我们无往不胜！

世界知名的海伦·凯勒如果没有她那不屈的斗志和顽强的精神来

不断地学习，那么她将永远活在自我封闭的世界里。然而，她用知识充实自己，挑战自己，最终摆脱了命运的枷锁。青少年朋友们，知识从来不属于懒惰的人，只有学习，我们的生命之树才能开花结果；只有学习，我们的人生理想才能得以实现；只有学习，我们才会创造崭新的自我，让执著地追求书写无愧的人生！

青少年朋友们，鲜花和掌声从来不会赐予好逸恶劳者，而只会馈赠给那些风雨兼程的前行者；空谈和散漫决不会让我们美梦成真，只会留下"白了少年头，空悲切"的慨叹。只有学习知识才能到达成功的彼岸！

跨过知识海洋，造就精彩人生

青少年朋友们，知识是石，能敲出生命之火；知识是火，能点燃命运之灯；知识是灯，能照亮命运之路；知识是路，能引我们走向灿烂的明天！那么，今天的我们应该赶紧行动起来，抓紧时间学习，用知识创造全新的自己，用知识创造美好的未来！

知识是取之不尽的能源。人只有勤奋学习，再去实践，才能获取知识，才能改变我们一生的命运。杨澜就是因为勤奋读书，努力实践，从而改变了她一生的命运。

杨澜，生于北京，她毕业于北京外国语学院。在她小时候上学时，杨澜每当考试的时候，基础分一分也没丢过。在中央电视台的招考中，她从一千名候选人中脱颖而出，成为《正大综艺》节目主持人，一举夺得金话筒奖。之后，杨澜又到美国哥伦比亚大学留学深造，并取得硕士学位。

她常说："是知识改变了我一生的命运。"

青少年朋友们，在大街上流浪的乞丐，他的命运永远是贫困，只能靠别人的施舍度日，因为他没有知识，没有文化。人必须要有文化，才能改变自己的命运。所以，我们从小就要好好学习，争取分分秒秒的时间，不要虚度光阴，把知识学扎实，掌握好服务社会的本领，长大后才能实现自己的伟大目标。

青少年朋友们，好书，就好比是推开一扇美好的窗，让我们的思想更宽阔，思路更明朗！

莎士比亚曾经说过："书是人类进步的阶梯"。的确，当今人类社会的迅猛发展与书的贡献是密不可分的。一句格言就像波涛中的灯塔，为海上的航船指引着前进的方向；一篇美文就像初春的微风，吹开寂寞者紧掩的心扉；一本好书就像沙漠中的一泓清泉，为濒死的人送去生的希望！

青春日记

青少年朋友们，知识是照亮命运之途的灯，引领我们走向灿烂的明天。知识在整个人类的发展史中一直扮演着重要的角色，任何人都不会忽略学习和知识的重要性。中国有句古话：一个人如果想出人头地、成就大业，必须具备五个条件，就是"一命、二运、三风水、四积阴德、五读书"。可见，我们老早就认识到了学习的重要性，具备了知识改变命运的观念。

3. 学习是生存的保险

青少年朋友们，现代社会已经进入了"学习化社会"，想要很好的生存下去，就必须具有一定的学习能力。联合国教科文组织提出了一个在"学习化社会"生存的口号——"学会学习"。是否能够主动学习、利用已有信息学习，如今已成为一个人在社会上生存能力的重要组成部分。"终身教育"的概念也已经被大多数人所接受。学习能力的强弱已经成为我们是否能够在社会上有效生存下去的必备能力。

只有学习，才能改变人生

青少年朋友们，只有学习，才能改变我们的命运，才能实现我们的人生价值！然而我们在学习的过程中，一定要有强烈的危机感、紧迫感和使命感，不能稀里糊涂地去学。学习是形势所迫的观念、学习是终身学习的观念、学习是一种责任的观念、学习是今后工作的观念、学习是第一需要的观念。在人生的天空里，有阴天、有雨天、我们应该怎样改变这种天气？青少年朋友们，只有学习才能改变这种阴雨的天气，因为学习可以支撑我们的意志、可以激励我们奋斗的思想！

青少年朋友们，在学习的过程中，我们一定要学会正确学习知识的科学方法，这样才能有效地提高学习效益，提高学习能力必须改进方法。要以求真务实的态度对待学习，应当在理论的实际运用上下功夫，用所学的理论改造自己的主观世界、解决实际问题，使其成为改造主观世界的强大力量。将学习作为一项经常性的任务，着眼于新的实践和新的发展，把理论与实践有机地结合起来，使学习成为一种常态、一种自觉行为。这样才能在思想上不断有新解放、学习上不断有新发展、实践上不断有创新。在学习时要不断深化所学知识，在学习的同时提高自身素质，从而做到学以致用。

青少年朋友们，如果说我们是高空中展翅飞翔的雄鹰，那么则需要通过不断的学习，为自己破空长风，才能翱翔在蔚蓝的天空；如果说我们是在大海中游动的小鱼，那么则需要通过不断的学习，为自己增添破浪的勇气，才能畅游在碧澄的海底。在不断的学习中成长。在这股凛凛雄风的驱动下，于险恶的暗礁中扬帆，在汹涌的怒涛中远航。我们每个人，都在学习中不断地成长，在不停地汲取和效仿之中，将生命打磨得晶莹剔透！

学会学习是生存的技能

青少年朋友们，只有学会了如何学习，才能很好地在社会上生存下去。由于现在大多工作岗位都离不开电脑和外语，因此，我们平时对这两科都学得很认真。然而，很多人走上工作岗位以后，却什么都不会。为了在以后的人生路上不出现这种尴尬的情形，我们一定要学会如何去学习。

对于未来的事情，任何人都无法真正想象得到。因为我们毕竟只是一名普通的学生，还未走出校门，对于外界社会自然不会知晓那么多。但这并不能成为我们为自己开脱的理由。不妨认真想想，自己在学习时，是不是确实得到了其中的要领。

通常情况下，我们常常把读书简单地理解为死搬硬套地学习知识，把分数高低作为衡量自己学习好坏的惟一标准。殊不知，学习的根本目的，并不在于懂得这些知识，而是要掌握其中的智能，分数的高低并不是最重要的。关键在于是否真正学会了，理解了，这些知识是否能够成为今后有效生存下去的能力，是否能够在未来的实际工作中派上用场。

青少年朋友们，仅仅把学到的知识和技能转化为以后工作的能力是远远不够的，因为社会在进步，科技在发展。环顾当今世界，知识经济已出现端倪。在学习过程中，随着知识的积累，量变引起质变，新的知识或更为先进的思想要取替陈旧的知识和思想，这就是"为道日损"，面对知识爆炸的今天，我们如何去学习？如果不能正确地选择学习内容，恐怕就会被信息的海洋淹没。可以说，我们已经进入了一个学习化的社会。我们以后会在学习和工作之间不断交错、不断结合的过程中度过。因此，我们必须在学生时代，就培养起自己强大的学习能力。

学会学习，平时就要善于去总结关于学习的方法。有些青少年不懂得如何结合自己的学习实际，做好预习、复习，提高课堂学习的效果。在学习中，不懂得手脑并用，只知道一味地把注意力放在课堂上，而不注重动手操作、实践等体验性学习。要知道"我们会掌握阅读内容的 *10%*，听到内容的 *15%*，但亲身经历内容的 *80%*。""热情＋远见＋行动是成功的等式。"如果我们今天没有生存在未来，那么，明天我们很可能会生活在过去。青少年朋友们，只有学会学习，才能拿到走上社会后畅通无阻的"个人护照"！

青春日记

善于学习，才能在学习中增长人生的成长智慧。每经一事，就能增长一智，甚至更多；每次遭遇都会带来心得和见识，所以见多识广，能力好，经验丰富。于是，自我能力便会增强，适应生活的能力也高。而那些不肯学习和成长的人，则会出现偏差行为和适应困难等不良症状。

4. 学习是人生攀山的阶梯

现代社会，竞争日趋激烈，知识的更新速度更是不断加快。在科技发展日新月异的今天，学习便显得尤其重要。只有通过学习，我们的人生才会得到不断的完善，很好的在这个世界上占有一席之地，才能做一个生活中的强者！

学习是成功的必经之路

青少年朋友们，人生因学习而变得生动有趣，我们每个人的一生其实就是学习的一生，我们生命中所遇到的人和事，所得到的经验都是一笔财富。只是有的主动学习，有的被动学习，这也正是先进与落后最直观的体现与最根本的原因。不凡之士与庸常之辈的最大区别，并不在于他的天赋和付出，而在于他是否拥有明确的人生目标，只有勇于挑战人生，才能拥有成功的希望。在人生的竞技场上落败的原因，不是缺少信心、能力、智力，只是没有明确的目标或选准目标，且又缺乏坚强的斗志。只有把注意力凝聚在目标上，才能取得可人的成绩，才能为日后的成功奠定坚实的基础。

对于一个缺乏知识的人，无论如何也是成不了强者的。学习是我们成功的资本，这是因为无学将无以致用，所以要做一个以知为本的人。在人的一生中，绝不会顺利地走向巅峰，遭遇挫折和失败在所难免，学习和改变的速度快慢，是在这个无情竞争、友情服务的社会中成败之关键。在知识经济时代，没有知识的人越来越寸步难行了，其实没有知识并不可怕，最可怕的是你没有学习意识，最可悲无望的人就是那些贫困没有知识且没有学习意识的人，所有的经济力量莫不依赖于知识，产生于知识，市场竞争由产品竞争发展到知识竞争。我们只有不断学习，拥有深厚的知识，才能够成为未来社会主义建设的接班人。

青少年朋友们，我们要深记：心中有远大的人生目标，却不愿意为此而努力学习，注定是一种悲哀。目标好像靶子，必须在我们的有效射程之内才有意义，如果目标偏离实际，反而与事无益。我们必须要为目标付出努力，如果自己只空怀大志，而不愿为理想的实现付出辛勤的劳动，那"理想"永远是空中楼阁。只有把目标和行动有机的结合起来，才有可能拥抱成功，目标和行动是改变人生的砝码。一个人不管做什么事，具有什么条件，身处什么样的环境，只要专心致志、勤奋刻苦、好学多问、坚持不懈、脚踏实地一步一步地走下去，自然会越来越接近成功的那一天！

梦想是学习的动力

青少年朋友们，我们是新时代的希望，生活在未来和现实之中，难免会经历彷徨，但只要奋斗了，就一定会将梦想成功放飞。正因为有了梦想我们才不会在生命的旅途中迷失方向，从而矢志不渝的坚守着人生的信条。无梦使一生贫困潦倒，无志则使一生贫贱低劣。带着梦想行走的人一生充实饱满，无梦的人只是生命途中的一具行尸走肉。追梦中我们汲取经验，拓展视野，锻炼能力；梦圆时，我们便可尽情地放声高歌。梦想，会使我们感受到实实在在的存活在这个世上。

梦想与现实之间遥远的距离，有时可能会让我们想到退却，有时甚至会让我们感到绝望。正因为有了这些坎坷与无奈，我们才会更好的珍惜梦途中的成果。而坚持学习则是实现梦想最现实、最有效的方法。布伦克特用行动给我们证实了一个真理："如果谁能把三岁时想当总统的愿望保持50年，那么50年以后，他就是总统了。"

人生最大的失败便是因绝望而陷入万丈深渊，最大的胜利则是管理好自己的梦，使梦想成真。结局中，或许我们并没有达到预期的成就，但是我们为之追求过、努力过、奋斗过；为它哭过、笑过、痛过。即使失败了，我们也可以扬起头问心无愧的说"我不后悔，因为我努力了!"滔滔历史长河，湮没了无数的英雄伟绩，只有那坚定的信念在心间熠熠生辉。努力了，便不会后悔，奋斗了便再也没有遗憾存在。只要我们为了人生之梦而努力学习了，只要我们做到了人生无悔，那么就已经收获了胜利。

青少年朋友们，世间万物都需要甘霖进行滋润，梦想需要我们用理智去呵护，用知识去灌注，用行动去支撑。我们不能不顾现实的制约去追求虚无缥缈的梦境，也不能盲目的把眼前的一点小利益当成自己伟大的梦想去追求。脚踏实地，让我们从现实的角度出发，从自身的优势出发，用睿智的眼光正视未来的梦，既不轻言放弃，让梦想随风而逝；也不沉溺于其中，让梦想奴役了自己的灵魂。我们既要做梦想的追求者，在梦想的指引下不断地奋斗；也要努力去做梦想的主人，使它成为我们成就未来的指路明灯！

青春日记

通过学习，我们可以养成良好的心态和信心。要知道，人生的失败并不是败给了谁，而是败给了悲观的自己，做任何事情都要有个良好的心态和信心，只有学习才能培养良好的信心。一个缺乏自信的人，注定是一事无成的，惟有自信使不可能成为可能，使可能成为现实，缺乏自信的人往往会使可能变得不可能，对于不相信自己的人，永远都不可能做得了将军！

5. 学习不要走捷径

青少年朋友们，学习之路，绝非坦途。这个世界上有太多的人梦想坐着飞机达到学习的顶峰，上帝是公平的，从来就没有人有这样的特权。经历过一些，才能懂得一些。无论学什么，一开始的学习都是没有捷径可以走的，只有学到一定的程度，通过总结规律，从而事半功倍。天上不会掉馅饼，只有一步一个脚印才能取得学习成效，学习贵在一个坚持，学习如果没有下工夫，那么妄想取得成功。

中国古代有许多教育学习的名言，有句古话叫做"欲速则不达"。许多想抄近路走捷径、快些到达目的地的人却往往"不达"。还是做好思想准备，踏踏实实地走下去吧。没有品尝过失败的味道，又怎么能够告诫自己如何不失败；没有体会过等待的苦楚，又怎么能够感悟成功的喜悦，只有经历了才会懂得其中的乐趣。

学习之人不分贵贱

古希腊的一位名人——阿基米德，他不仅是一个卓越的科学家，而且是一个很好的老师，他生前培养过许多学生，在这些学生中有一个特别的人物，他是希腊国王多禄米。

悠闲自得的多禄米，有一天忽然心血来潮想学一点儿什么东西。当时，阿基米德已是一位十分著名的科学家了。多禄米想了一想，决定把阿基米德请来，拜他为师，学习一点几何知识。

接到国王要召见他的命令，阿基米德不敢怠慢，于是便急忙来到了皇宫。这里金碧辉煌，气势典雅。白玉大理石铺成的透明地板，水晶珍珠般的吊灯，雕龙刻虎的巨大梁柱，把整座宫殿装扮得格外豪华、漂亮。阿基米德一边欣赏着宫殿中的装饰，心中一边想，这些宏伟的建筑中不知凝结了多少科学家和劳动人民的智慧和心血，尤其是那些精巧、别致的设计，无不反映出建造者们在数学，特别是几何学方面高超的造诣。

从这以后，阿基米德就当上了国王的私有数学教师。刚开始上几何课时，国王挺认真的，似乎下了决心要学好这门课。可是，时间一长，多禄米的兴趣就逐渐往下落了，尽管阿基米德讲授的几何学内容都很浅显，但对于不爱学习的国王而言，一堂课的时间简直比一年还长，他日益显出不耐烦的情绪。

国王的情绪有很大的变化，阿基米德看到眼里，记在心中。他仍然一如既往的认真讲课。他细心而又耐心的向多禄米讲解着各种几何的图形、原理以及计算方法。可是多禄米对眼前出现的一个个三角形、正方形、菱形的图案毫无兴趣，有点昏昏欲睡了。阿基米德来到多禄米的身边，用手推推他。这位国王勉强睁开惺忪的睡眼，没等阿基米德说话，他反而先问："请问，到底有没有比你的方法简捷一些的学习几何学的方法和途径？用你这种方法实在太难学了。"

听了国王的问题之后，阿基米德思考着，冷静地回答道："陛下，乡下有两条道路，一条是供老百姓走的乡村小道，一条是供皇家贵族走的宽阔的坦途，请问陛下走的是哪一条道路呢？"

"当然是皇家的坦途呀！"多禄米回答得十分干脆，但又感到茫然不解。

阿基米德继续说："不错，您当然是走皇家的坦途，但那是因为您是国王的缘故。可现在，您是一名学生。"

青少年朋友们，这个故事向我们提示了一个道理：追求科学知识没有捷径可走，科学知识对任何人都是一视同仁的。正如伟大的革命导师马克思所说："在科学的道路上，是没有平坦的大路可走的，只有在那崎岖小路上攀登的不畏劳苦的人们，才有希望到达光辉的顶点。"

学习对任何人都不分贵贱，要知道，在几何学里，无论是国王还是百姓，也无论是老师还是学生，大家只能走同一条路。因为，走向学问是没有什么皇家大道的。国王多禄米也思考了阿基米德的话，总算理解了阿基米德这番话的含意，于是重新打起精神，听阿基米德继续讲课。

勤学苦练是正道

青少年朋友，"凿壁借光"这一成语出自古代一个令人敬佩的勤学故事。《西京杂记》说："匡衡字稚圭，勤学而无烛。邻居有烛而不逮，衡乃穿壁引其光，以书映光而读之。"这说的是西汉经学家匡衡在少年时候勤奋好学，但因家中贫困，无钱买蜡烛，见邻居家有烛光，就在自家墙壁上凿了一个洞，借光苦读。书中还记述说："邑人大姓文不识，家富多书，衡乃与其佣作，而不求偿。主人怪，问衡，衡曰：

'愿得主人书遍读之。'主人感叹，资给以书，遂成大学。"到青年时候，匡衡志愿到有许多书籍的富裕人家去做佣人，却不要报酬。主人感到奇怪，就问他原因。他说："只要能读遍你家的藏书就行了。"主人被他的好学精神所感动，就资助他读书。后来匡衡终于成为一个大学问家，还在汉元帝时任过丞相。

青少年朋友们，每个人都渴望成功，但又有多少人为此在辛苦努力着？成功之花，人们只惊异它现时的明艳，却不知当初它的芽，浸透了奋斗的汗泉，洒遍了牺牲的血雨。是的，在成功的背后总隐藏着一段鲜为人知的故事，经历了多少风风雨雨，又历尽了多少世俗坎坷，才站在这胜利的舞台！

青春日记

每个人都想找一条更省力气的路到达山顶。所以人们常常追问已经登顶的人，哪一条是直通山巅的捷径。那些从山顶下来的人却说："山上哪有什么捷径"，所有的路都是弯弯曲曲的，想到达顶峰，就必须要不断地征服那些根本就看不到路的悬崖峭壁。

6. 在学习中提升自我

埃里克·霍弗将军说："没有哪个人可以永远独占鳌头，在瞬息万变的世界里头，惟有虚心学习的人才能够决策自己的人生未来。"学习是人生中占有很大作用的事情。学习能够使人培养自我的独立决策的能力，获得巨大的精神财富和强大的力量，可以使人的生活充满阳光，帮人走出困境，通向成功。然而学习是一条漫长的道路，更是无止境的。

中学时代，是学习行万里路的开端，是打基础的重要时期，摆正学习的心态和心理素质对于未来的人生有着很大的作用与影响力。在学习中不断地提升自我、完善自我，是学生时应有的态度、工作中应有的态度，更是人生应有的态度。

培养独立地学习

南宋诗人陆游从小学习就很独立，善于观察事物，活跃自己的思维，刻苦学习。妈妈看到自己的儿子学习很努力，劝他不要那么刻苦读书，应该像别的孩子那样有一个很顽皮的童年。但是他说道："自己的学习是为了成为人间有才的人。"于是他一头钻在书堆里，把自己的学习看成是自己的人生，在他的房子里，桌子上到处都是书，柜中装的也是书，床上也是书，被他称作是自己的书巢。他很勤于写作，一生留下了九千多首诗，最后成为了我国历史上一位著名的大文学家。

这就是在学习中看到了自我的价值，学会自己去独立地学习。学习不是为了私欲，而是为了提升自己在人生中的能力。

成功并不等于是永久的成功，一次的成功也许就失去了其失败意义，要在不断地学习中寻求自我的价值，就必须学会独立地学习。

善于自我学习，自我超越的人，才会时刻发现自己的缺陷与能力的不足，才能不断地完善自我，向成功迈进。而已经成功的人也不能就此停止为自己"充电"，否则终有一天会被后来涌上来的追求成功的强者所打败。当别人在学习，在提高的时候，自己绝对不可松懈。

当贝多芬得知自己患上耳疾时，并没有过太多的在意，他认为只是小毛病，慢慢的就会好了。可是没想到，他的耳疾不仅没有好转，却愈加严重起来。结果在 1819 年，他彻底丧失了听觉，这对于一个热爱音乐，以音乐为梦想，为终身事业的人来说是多么大的打击。贝多芬的心彻底碎了。这就好像是攀岩时重新被打回了起点，甚至是深渊，当刚开始就已与竞争者拉开了距离。

　　然而，他并没有因命运的严酷打击而就此颓废，他选择了从痛苦与折磨中重新站起来去学习音乐，努力完成自己的音乐，提升自己的艺术价值。因为他知道，自己现在的竞争对手已经不再是别人，而是自己。只有战胜自己，改变自己，提升自己才能再次攀登高峰。他的心又重新倒在了希望和坚强这边，他发誓说："我要向命运挑战！我要扼住命运的咽喉，不要让它毁灭！"从此，他努力适应着没有声音的生活，努力编写乐曲，与不幸的命运奋力反驳。

　　他终于成功了，他在受着无声世界的巨大煎熬下，战胜了病痛，在学习和创作中完成了大量令人赞不绝口的交响乐，以及其他一些音乐作品，成为了一位举世闻名的大音乐家和作曲家。当他领导着自己的乐队在舞台上演奏着自己创作的乐曲时，他心中无比的激动。演奏结束，他看到了会场轰动的气氛，虽然听不到，但是他可以用心去感受那震耳欲聋的掌声。

　　虽然不是人人都会遇到像贝多芬这样痛苦的遭遇，然而就是因为有太多的四肢健全、享受安乐的人，因生活的安逸而忘记了学习，忽略了学习是时时刻刻的事，是一辈子的事。贝多芬成功了，他用不断学习，不断超越自我的心战胜了自己，也战胜了其他人，他比曾经与他一起攀岩的人更早地到达了顶峰。可以说，正是因为这场突如其来的噩耗，让他迸发出了惊人的潜藏了许久的意志力、奋斗力，发掘了自己的才能。其实，学习的过程就是一个发掘的过程。人的身体之所以保持健康活泼，是因为人体的血液时刻在更新，人生也一样，学习也是如此。

　　青少年们只有不断地从学习中吸收新思想，不断地提升自己的独立决策能力，才能够在学习中获得不断改进的方法。困境帮你迸发激情，而当你没有困境的时候，你应该觉得庆幸，站在比别人高的起点，就要努力得到比别人更高的成就。

不断提升自我价值

李晟的父亲是一员威武的大将，李晟希望自己长大能成为像父亲一样的人。可是，父亲因为疼爱自己的儿子，却总是说他年纪小，不能习武。

李晟后来不听父亲的劝说，一致决定自己从现在就开始学习练箭。他非常不甘心，偷偷学习射箭，终于练成了百发百中的神箭手，最后让自己的父亲刮目相看。

李晟的做法是正确的。他按照自己的行事原则去办事，独立地决定自己的前途，把自己应该去追寻的铭记在心。主动在学习中提升了自己的价值，让父亲也改变了对他的看法。

如果一个人在发展，他就具有学习的能力；如果停止发展，他就失去了培养自己能力的价值。从呱呱坠地起，人就开始学习，无休止的学习，直到生命的终结，人生就是一个不断学习的过程。

中学时代是一个黄金学习时代。如果说人生的终极目标就是建一幢高楼大厦，那地基就要从学生时代开始打。要知道，地基对于一幢房子或是建筑的重要性，地基打不好，不论在上面盖什么都不会结实，也无法长久。"思而不学则罔，学而不思则殆"，学问是没有止境的，人生本来就犹如一张白纸，只有不断地学习，不断地提升自己，才不会被社会所淘汰，才能把这张白纸写满密密麻麻的字。不要等到走出校园，步入社会后才发现原来你所知道的和所学的都只不过是沧海一粟。

所以应该趁着大好年华在学习中不断地提升自己，不要满足现状，停滞不前，只有不断地为自己充电，你才有资格走在队伍的前列，才能更好的在社会立足，可能当别人还在摇摇晃晃，慌乱"补课"时，你已经坐在了成功的交椅上。

现在的时代是一个变革的时代，从学生时代开始就要有危机意有识与竞争意识。在整个世界都在变革的大环境下，主动应变胜于被迫改变，这样才能在激烈的竞争中立于不败之地。不断提高自我价值才能提高生活质量与人生的价值，而学习永远是提升自己最行之有效的方法之一。学习是为了不断地提升自己的心态意识，不断增加自己的知识，不断强化自己的各种能力，不断给自己的大脑充电。如果你停止了学习，停止了为自己充电，你就会很快"没电"，而后被社会所淘汰。特别是在网络信息技术日益升温的今天，无论在何时何地，每一个人都不要忘记给自己充电。俗话说："三人行，必有我师"，向身边的每一个人学习，去学习他们的长处来补足自己，时刻提高，步步为"赢"。生命也会就此掌握在你的手中。

7. 学会正确的学习方法

周恩来总理曾说过："加紧学习，就要抓住中心，宁静勿杂，宁专勿多。"

学习绝不是简单的将信息塞入头脑，而是需要掌握不同学科的学习方法，而好的学习方法使你事半功倍，不良的学习方法使你事倍功半，因此学习一定要掌握正确的方法。但是学习方法应该是因人而异的，不是每一个人都能够接受同一种学习方法的。对于青少年来说，选择一种非常适合自己的学习方法，不仅能够让自己的学习成绩很快的提高一个层次，更重要的是能在好的学习方法中找到学习的乐趣，从而游刃有余的驾驭学习。

学习，重方法

曾经有一位身体很健壮、脸上满是皱纹的老人，年龄已经有60多岁了，在前苏联的科学院的讲台上，向观众做一个记忆数字的表演。老人对着一位自愿帮助测验的观众说："你可以在黑板上随意写什么数字。"自愿的人将一串长达40多位的数字写在了黑板上，然后就将黑板转过去。老人显得很安静，眼不眨一下，2秒钟后便一字不差地把所有的数字全都报了出来。观众当场都愣住了。原来下面的观众都是专家。

透过这个事例可以看出，学习的方法是多么地重要。一般人都无法完成的事情，但是这位60多岁的老人确实是做到了，而且是十分准确地表达出来了。

这位老人就是整天善于去运用学习的技巧，并在心里面默默地记忆。那么日子长了，这种学习的记忆能力就会逐日增强，记忆力就明显地提高了。

这就说明了学习不仅要独立地进行，还要有正确的学习方法。也就是，如果你把学习当做了人生的帆船，掌握独到的学习技巧，那么正确的学习方法就是帆船上的方向和指南针。

培养自己的独立学习的能力，决策好自己的学习，把握自己的学习方法，科学去记忆、学习。对于青少年来说，学习是一个由浅入深，循序渐进的过程。这个过程有困难也有收获，有苦恼也有喜悦，包含着许多丰富多彩的内容。不管怎样，满意的学习效果无不来源于科学的学习方法。因为明确的学习目的是学习成功的前提、浓厚的学习兴趣是学习成功的动力、正确的学习方法才是学习成功的保证。

许多古今中外的无数事实已经证明：科学的学习方法将使学习者的才能得到充分的发挥，越学越有自己的主见，人生就越美好。爱因斯坦总结自己获得伟大成就的公式是：$W = X + Y + Z$。并解释 W 代表成功，X 代表刻苦努力，Y 代表方法正确，Z 代表独立完成。有良好的学习能力、浓厚的学习兴趣、积极的学习情感、意志和态度，是学习成功的必要条件，而掌握科学的学习方法是取得成功的不二法门。我们来看一则神话故事：

学习有法，而无定法。凡会学习者，学习得法，则事半功倍，凡不得法者，则事倍功半。青少年应该都能找到一套适合自己的学习方法，然后才能在未来的学习道路上前进更快。

所以如果掌握好了正确的学习方法，就会给广大青少年带来高效率和乐趣，从而节省大量的时间，培养了自己的独立能力。而不得法的学习方法，会阻碍才能的发挥，限制了个人的独立意识的发展，给青少年带来学习的低效率和烦恼。由此可见，方法在获得成功中占有十分重要的地位。

掌握好的方法，让你的独立能力更强

在数学的考试中，一次，一位学生做一道关于路程方面的数学应用题。很多的学生不会做，但是其中的一个学生却会做。

于是，老师问了这个学生，学生说："路程不就是人走出来的吗？所以我是用尺子来标识了这段路的长度，然后根据人们日常的走路来做就轻而易举了。"

这下老师才恍然大悟，原来这个学生想到了走路。

从这个问题中可以看出，方法是靠自己去掌握的。好的学习方法其实大多来自于生活中的点点滴滴。每一个青少年都想获得一种适合自己的学习方法，那么究竟什么才是正确的学习方法呢？我国古代伟大的教育家孔子，在学习方法上他主张"学而时习之"，"温故而知新"，"学而不思则罔，思而不学则殆"。这些学习的方法是值得我们借鉴的。但不论怎么样，正确的学习方法应该遵循以下几个原则：循序渐进、熟读精思、自求自得、博约结合、知行统一。这才是最正确、最科学的。

第一，一定要懂得循序渐进。也就是要系统而有步骤地进行学习。它要求人们应注重基础，切忌好高骛远，急于求成。而这种循序渐进的原则主要体现为：一定要先打好基础，还要做到由易到难，更重要的是应该量力而行。

第二，就应该熟读精思。也就是要根据记忆和理解的辩证关系，把记忆与理解紧密结合起来，两者不可偏废。因为在学习的过程中，谁都知道，记忆与理解是密切联系、相辅相成的。这一点是很重要的。

第三，独立求得。就是要充分发挥学习的主动性和积极性，尽可能挖掘自我内在的学习潜力，培养和提高自己的独立能力、自学能力。对于青少年来说，切不可为读书而读书，而是应该把所学的知识加以消化吸收，变成自己的东西。

第四，博约结合。众所周知，博与约的关系是在博的基础上去约，在约的指导下去博，博约结合，相互促进。坚持博约结合，一是要广泛阅读。

第五，知行统一。就是要根据认识与实践的辩证关系，把学习和实践结合起来，切忌学而不用。知行统一要注重实践，一是要善于在实践中学习，边实践、边学习、边积累。二是躬行实践，即把学习得来的知识，用在实际工作中，解决实际问题。

对于青少年来说，学习有法，事半功倍。法国大生理学家贝尔纳说："良好的学习方法能使我们更好地发挥运用天赋的才能，而笨拙的方法则可能阻碍才能的发挥。"

总而言之，培养自己独立完成学习的能力、掌握正确的学习方法、让自己形成一套行之有效的学习方案，它是青少年朋友不断成功的基础，也将能很好地增强人生的光彩。

8. 活到老，学到老

学习是永远没有尽头的，终身学习已经成为当今时代的主旋律。学习乃是成为家庭快乐和个人不断进步的动力源泉。通过没有止境的学习来不断地提高自己，在学习中增长知识、在学习中健康成长。在学习的过程中，我们体会到的不会是苦涩，而是一种人生的幸福和快乐！

学无止境

青少年朋友们，不管是哪一种成功，它的到来都不会是一朝一夕的结果。一个人、一个群体、一个民族、一个国家要成长和发展，就必须不断地学习。不懂、不会，就要去了解，就要去学习，学习就是为了以后能够更好地适应新的发展。孔子曰："学不可以已。"向我们阐述的就是这个道理。

事物总是处于不断地变化和发展中。比如遗传变异、水生动物演化为陆生动物等等。在这个过程中，适应环境才能够生存下来，不适应环境就会被自然所淘汰。人生活在社会中也是这样，从出生开始，便慢慢地学会走路、说话，在成长的过程中逐渐接触到各种事物，需要不断地学习很多东西，如处理日常事物、人际关系等等。有的人善于了解、学习，于是在各种环境中都能应付自如，游刃有余。有的人却故步自封，懒于了解、学习，结果遇事时总是会感到不知所措，长大后与社会格格不入，最终被社会所丢弃。

如果我们现在的学习成绩很优秀，这是不是就意味着我们可以放心休息，安于现状呢？如果有这种想法，那毫无疑问是想错了。孔子集群贤之大成，振玉声金，却仍不断地学习，若非如此，孔子是不可能从百家中脱颖而出成为儒家的创始人；当代围棋世界第一人李昌镐，虽已达至尊之位，仍毫不知足，依然勤学于围棋，因此他的霸主之位才坐得稳如泰山。相反，王安石笔下的神童仲永，被他父亲当作摇钱树而没有继续学习，最终变成"泯然众人矣"。因此，我们一定要像孔子、李昌镐一样，不断地学习，不断地进取，这样才能走在别人的前面，走在时代的前沿，让自己今后长久地立于不败之地！

青少年朋友们，想要学有所成，就必须让自己不断地了解，不断地学习。一个人是如此，一个民族、一个国家也是如此。秦孝公率先变法，使秦国强盛起来，"拱手而取西河之外"；赵武灵王胡服骑射，使别国不敢小觑；还有那"不飞则已，一飞冲天，不鸣则已，一鸣惊人"的楚王，正是他正视现实，励精图治，楚国才能傲视群雄！青少年朋友们，我们肩负着建设祖国的重任，祖国未来的建设和发展需要我们去掌控。因此，我们一定要不停地去学习和前进，使我们的祖国能够傲然屹立于世界之林！

要时刻谨记：学无止境，学习的道路是永远没有尽头的，我们一定要一直向前行进！

用终身去学习

在漫长的历史之中，先祖为我们积累了大量的知识财富，因此我们有着永远也学不完的知识，即使到老也学不完。从自身来讲，学习是对精神的充实，在学的过程中，我们会思考，在思考的过程中，人性会得到升华。在我们短暂的一生中，需要突显自己的价值。年轻时，学是为了理想，为了安定；中年时，学是为了补充，补充空洞的心灵；老年时，学则是一种意境，慢慢品味，自乐其中。活到老学到老，平凡的一句话，却是做人的大意境。作为青少年，我们一定要将终身学习这一理念根植于心灵深处。

青少年朋友们，我们经常会听到别人说："活到老，学到老。"但我们可能根本不理解为什么会有这样的说法存在，感觉好像是一句空话似的。但仔细观察周围，就会发现，"学到老"的例子居然可以信手拈来：婴儿咿咿学语，儿童的各类趣味班，学生时代的在校学习，工作以后的在职培训，退休后的重新认识生活，各处的老年大学里更是人才济济，因为几乎所有的事情都需要不断学习。健康成长、获取知识、掌握技能、完成工作、人际交往、休息娱乐……生活中所呈现的一个个闪亮的珍珠，都通过学习这条线而串连成了一条美丽的项链，使人生处处充满色彩。

从哲学的基本原理出发，我们在这个世界生存是一种客观现象，所有意识之外的东西都是客观的，客观事物先于人的意识而存在。意识是客观事物在人脑中的反映。当然，事物是客观的，并不代表我们人在客观事物面前就无能为力，只能处于被动地位。意识对客观事物具有能动作用，正确的意识指导我们进行实践，从而改变事物的状态，为我们自身服务。也就是说，正确的实践要有正确的意识为蓝图。如何正确的反映客观事物呢？答案就是学习，通过学习，我们可以获取以前所不知道的知识，从而为自己增加更多的能力，进而为自己创造条件，今后为社会做出更多的贡献。

青少年朋友们，不管是在采取科举制的古代，还是在采用考试制的现代，有很多人都是为了成才而读书，为了出人头地而学习，相信"学海无涯苦作舟"，凭着自己不懈的努力，终究会到达自己希望的彼岸。但也有人直到生命最后一刻也只能向知识的彼岸靠拢，却到达不了。但结果并不重要，因为在实现梦想的过程中，通过学习我们已经收获了人生的无穷财富。

此外，我们可以为了兴趣而学习。因为通过有趣的学习，可以使原本枯燥乏味的人生变得充满色彩。"学海无涯"，因此需要我们学会"巧做舟"。选择学习自己感兴趣的知识，会使我们在学习的同时品味到人生的美好！

青春日记

不管你是出于什么目的在学习，只要明白了学无止境，需要终身学习这个道理，通过知识实现梦想、通过读书来寻找乐趣、通过知识来创造未来，那么，你今后的人生将会是一片光明。

第二节 时间观

1. 时间观指的是什么

时间观是研究我们每个人如何无意识地把人生经验分成不同的时间结构。每个人的时间观都是自然形成的。

时间观的差异因素包括文化、民族、个人、社会阶层、以及教育水平。

你的每个行动都是由某个决定引起的，但是是什么影响着你的决定呢？有一些人他们只在乎眼前的情况，当前发生的一切，其他人正在做什么？自己的心情如何？这些如此做决定的人，我们称之为"现在导向型"，因为他们在乎的是现在。

另外一些人认为现在是无关重要的，他们经常会想这是我曾经经历过的事情吗？也就是说他们基于过去记忆来做决定。我们称之为"过去导向型"，因为他们关注的是过去。

还有一些人他们不看过去现在，只看未来。他们总在预测事后结果，比如，做成本效益分析。我们称他们为"未来导向型"，他们关注的是将来会发生什么。因此我要说的是关于时间的悖论，即时间观的矛盾。它影响着你的每一个决定，但是你对它却毫无意识。即你会有一种倾向性的时间观。一共有六种：

两种现在导向型：一是现实享乐主义者；二是现实宿命主义者。

两种过去导向型：一是积极过去型；二是消极过去型。

两种将来导向型：一是不断设定目标；二是未来超体验主义者。

什么是最佳时间方案呢？积极运用过去（从过去的事情中吸取经验），适度多思考将来，适当地进行现实享乐。一定要拒绝消极面对过去以及现实宿命主义，积极的过去会给我们打下基础；思考将来能给我们一双翅膀达到新的目标，迎接新的挑战；适当的现实享乐能补充我们的能量，让我们去认识自己，接触新鲜事物，开发感官享受。

"时间，每天得到都是 24 小时，可是一天的时间给勤勉的人带来智慧与力量，给懒散的人只能留下悔恨。"鲁迅先生的这段话精辟地点出了两种不同的人的时间观及其带来的不同结果。时间观是对时间的根本看法和态度。时间具有一去不复返的特点，人们常说"机不可失，失不再来。""一寸光阴一寸金，寸金难买寸光阴。"

时间之所以宝贵，是因为人的生命是以时间来计算，时间就是生命。时间观和人生观是紧密相连的。怎样才能在有限的一生中增长更多的知识，作出更多的贡献呢？很重要的一条就是要珍惜时间，充分利用时间，做时间的主人。

古今中外，凡是有作为、有成就的人，无不惜时如命，争分夺秒。鲁迅把别人用来喝咖啡的时间都用在了工作上，他的一生给我们留下近 700 万字的著作。爱迪生一走进实验室就全神贯注，有一次竟连续 36 个小时不出实验室，他给人类留下了 1000 余种发明。相反，那些没有高尚人士目的的懒散人，今日事拖到明天办，到了明天又拖到后天，或者把整日时间消磨在吃喝玩乐之中。这种人的结果只能虚度年华，碌碌无为，留下一片悔恨。

2．认识时间的价值

约瑟夫·坎贝尔说："你知道什么是沮丧吗？那就是当你花了一生的时间爬梯子并最终达到顶端的时候，却发现梯子架的并不是你想上的那堵墙。"也许，你看完会觉得它只是一段笑话，但你重新仔细品味的时候，你会发现这段话告诉了我们人生最大的失败，那就是对自己人生的管理。而人生就是时间，不知道自己到底想要什么，不知道最重要的是什么，就会把人生中的大好时光都浪费掉。因此，青少年朋友们应该认识到时间的价值。

时间应放在最有价值的位置上

在我们幼小的时候，常常会感觉到"时间停下来就不走了！"每一个暑假或某一个假期总是过得那么慢。你会发现"小学的一天就像现在的一星期那么漫长，高三的生活，就像蜗牛爬树一样慢腾腾的，使人觉得好像永远也到不了毕业的那一天。"但有时，你会觉得无论你怎么挤时间也总是不够用，它总是不停地走着，走着，因为时间，当它从存在的那一瞬流逝之后，也就永远离开了你的人生。

对于一个时间观念很强的人，会很好的善于运用时间，这样的人在人生的道路上一定会成功。因为他们知道时间对自己的意义，绝不会在不能给自己带来好处的人和事上浪费一分一秒。他们时时都知道什么才是最重要的，什么才是自己应该去做的。

查理斯·舒瓦普是伯利恒钢铁公司的总裁，他在会见麦肯锡的效率专家艾维·利时说："我懂得如何管理公司，但事实上却并没有想象中的那么好，我想我需要的不是更多的知识，而是更多的行动。"他还说："具体应该做些什么，我们自己很清楚。如果你能告诉我怎样才能更好地执行那些计划，我听你的，在合理范围内价钱由你来决定。"

艾维·利听完在一张白纸上写了一会，写完之后他随即递给他说："我按事情的重要性把六件事给你排了顺序，现在把它放进口袋。明天早晨上班后你首先做第一件事，不要看其他的，只看第一项。直到办完了第一件事，然后用同样的方法做第二件、第三件……直到下班为止。就算你只做完第一件事也不要紧，因为你做的总是最重要的事。"艾维·利还说："如果你每天都这样做，当你认为它确实很好时，你让你公司的其他人也照这样做。你可以做一个月或者两个月或者更久，然后你认为值多少钱给我多少就好了。"

查理斯·舒瓦普与艾维·利的整个见面时间前后只用了半个小时。几个星期之后事，艾维·利就收到了一张 2.5 万美元的支票，还有一封信。舒瓦普在信中表示，从钱的观点来看，那是他一生中最有价值的一课。五年之后，这家当时很少有人知道的小钢铁厂已成为了世界上最大的独立钢铁厂。之所以会有这样的成就，其中艾维·利提出的方法功不可没，并且这个方法还为舒瓦普赚得了一亿美元。

从这个故事中我们可以看到，伯利恒钢铁公司总裁查理斯·舒瓦普的确是一个伟大的企业家，但即使是这样优秀的企业家在没有找到优先次序和时间价值的规律前，他的钢铁厂一样不尽人意。现实生活中，很多人花很多时间去找比较便宜的商品，但却没意识到浪费了时间，花很长时间为的只是节约几块钱；许多人很努力的工作，总想着储存更多的钱，但却忽略了时间的重要性。这个故事形象地告诉了我们时间对一个人是何等的重要。有人认为，在这个世界上最有价值的无非是金钱，也有人认为亲情、朋友才是最有价值的，但很少有人把时间放在最有价值的位置。

用时间来衡量人生的财富

生活中许多有钱人，但他们事实上却很"穷"，这里所说的"穷"并不仅仅是站在金钱的角度。之所以"穷"是因为他们总是把钱放在第一位，总是把钱紧紧的抓着不放，以为钱是他们生存的惟一追求，但往往越这样就越"穷"。钱本身其实并没有太大的价值，它只是一种维持人类生存的交易媒介，真正的富人从来不用金钱来衡量价值，而是用时间来衡量价值的。

在拥挤的候诊室中，一位老人突然站起身来走向值班的护士，彬彬有礼的说："小姐，我预约的时间是三点钟，可现在已经是四点钟了，我不能再等下去了，请给我重新预约明天的下午三点钟！"一边的两个年轻女士低声说："像他这种年纪的人，还能有什么重要的事呀？"但老人的耳朵好像还很好使，他转向她们说："我今年已经87岁了，正因为我到了这把年纪，才不能浪费一分一秒的时间！"老人接着说："你们还年轻，对时间的感悟还不够深刻，但一旦到了我这把年纪你们就会明白时间是多么重要了。"老人说完，径直向候诊室的出口走去。两位女士似懂非懂的看着老人离去的背影，也许她们已经明白了老人的用意，也许她们还是不懂！

为什么走过了，经历了或快要结束甚至已经结束时你才会明白它的重要性？正如故事中的老人，他最终明白了时间的价值，时间对人生意味着什么，所以才珍惜一分一秒。这个故事也告诉了我们：时间与生命是息息相关的，善于利用时间的人分秒必争，惜时如金，也只有这样他们才会让自己有限的生命过得更加充实，更有价值。

我们呼吁青少年朋友们，不要等到来不及时才认识到时间的价值，人生因为价值观的不同决定我们做出何种选择、做出何种行为，如果你不重视时间，你就会像只无头苍蝇一样乱冲乱撞，而这也是对时间的最大浪费。对于青少年来说，时间的三大杀手一般为：拖延、犹豫不决、目标不明确，归其原因就是因为没有认识到时间的价值观。如果你已经认识到时间的价值，认识到人生中什么是最重要的，什么价值是需要努力与付出的，那么，相信你已经离成功不远了。相反，如果你做事总是拖拖拉拉、总是迟迟做不了决定等，那只能说明你没有充分认识到时间的重要性，那你与成功也必将背道而驰。

所有的成功者都是能够把握自己时间的人，他们都能认识到自己的时间对自己的价值，如果你还没有认识到时间的价值，那么就算你掌握再多的管理时间技巧也都是白费，这也就像是你已经走错了路，就算拼命的跑也没用，而且还会离目标越来越远。

3. 时间是个特性的东西

哲人伏尔泰问："世界上，什么东西是最长的而又最短的；最快的而又是最慢的；最能分割的又是最广大的；最不受重视的而又是最受惋惜的，没有它，什么事情都做不成，它使一切渺小的东西归于消灭，使一切伟大的东西生命不绝。"伟大的智者查帝格回答了他的问题：世界上最长的东西，莫过于时间，因为它永无穷尽；最短的东西也是时间，它在人们所有的计划没竣工的时候就不见了。时间就是这样一个奇怪的东西，让人捉不住摸不着。

时间失不再来，无法蓄积

钱花完了，还可以再挣；东西丢了，还可以再买。惟独时间，稍纵即逝，一去不复返，再也无法回来，不管你是高兴还是忧伤。时间既是公平又是无情的，不管你是否在合理运用，它都不会停止，永远也不会停止。

当我们在等待时间的时候，时间会很快；当我们在尽情游玩的时候，时间会很快。这个奇怪的东西，可以扩展到无穷大，也可以分割到无穷小。也许当时谁都不加重视，过后谁都表示惋惜。殊不知，没有时间，什么事情都做不成，而时间又无法蓄积。

伟大的所罗门王有一天晚上做了一个梦。他梦到一位先圣告诉了他一句话，这是一句非常重要的话，它涵盖了人类的所有智慧，让他高兴的时候，不会忘乎所以；忧伤的时候，也能够自拔，始终勤勉，兢兢业业。然而，遗憾的是，所罗门王在醒来后却怎么也想不起那句话是怎么说的了。于是，他召来了最有智慧的几位老臣，把梦境详细的向他们说了个明白，要他们合力把那句话给想出来，并且拿出一颗

大钻戒，说："如果能把那句话想出来的话，我就把它镂刻在戒面上，并把这颗戒指天天戴在手上。"讨论了半天，一直没有得到正确的答案。这时，一个大臣说了一句话，让所罗门王直说"对！对！就是它。"这句就是"这也会过去。"

的确如此，时间是让人忘记一切的灵丹妙药。可是，这个妙药没有保质期。诗人莎士比亚说过："时间的无声的脚步，是不会因为我们有许多事情要处理而稍停片刻的。"两千多年前，孔夫子也曾望"河"兴叹："逝者如斯夫，不舍昼夜。"时间在你洗手的时候，从水盆里过去；在你吃饭的时候，从饭碗里过去；在你默默的时候，时间便从你凝然的双眼前悄然而流失。时间是无法蓄积的，当你伸出双手去遮挽时，它会从你的遮挽着的手边过去，即使你为此而叹息，它也会在你的叹息里闪过。

时间供给无弹性，更无法取代

时间还是一个无弹性、无法取代的东西。在规定了时间的情况下，让你完成某项任务，这时你会感觉到时间似乎比平时快了好几倍；而

当你被要求在老人家的时间内保持某个身姿不动的情况下，这时你会觉得时间过的非常非常的慢，到后来就根本没信心，真是度日如年啊！是的，时间就是这样的。不是说你让它快它就快，让它慢它就慢，有时甚至觉得它在和你唱反调，你要它快，它偏要慢；你要它慢，它偏要快！

在非洲，有一个名叫时间的富人。他除了拥有无数的家禽和牲畜外，还有无边无际的田地，上面种了所有世界上能种的粮食作物，他家的谷仓里装满了粮食，家里还有一箱又一箱的珠宝。时间还是一个乐善好施的人，他把牛、羊、衣服送给穷人，这更是使他成为一个家喻户晓、扬名中外的名人了，甚至有人在传说，没有看见过时间富人的人就等于没有生活过。

为了好好地管理自己的国家，让人们也都能过上好日子，其他各国不断地派遣使者来，就为了看一看这位时间富人是怎么生活的，样子是怎样的，回国后好对百姓说。有一年，有个部落准备派出使者去向富人问好，随同的还有舞蹈家、歌手、演员。临行前，这个部落的人对前去观摩、学习的使者说："你们到时间富人的国家去，要想办法见到他，看看他是否像传说中的那么富有、那么慷慨。"这些使者们行走了好多天，好不容易到达了时间富人所居住的国家。在进城的时候，遇到了一个瘦瘦的、衣衫褴褛的老头正在城门口坐着休息。于是，使者们上前问："听说这里有一个叫时间的富人，请问他住在哪儿？"老人忧郁的回答："你走进城里面，人们就会告诉你的。"说完并跟在使者们的后面进了城。

使者们向市民们问了好，说："我们来看时间的，他的声名也传到了我们部落，我们很想看看这位神奇的人，准备回去后告诉同胞。"这时，有人说："时间就在你们的身后啊，他就是你们要找的时间富人!"使者们顺着他的方向看过去，只见是刚才遇到的那个又瘦又老、衣衫褴褛的老乞丐，一时惊呆了，他们不敢相信自己的眼睛。老人看出了他们的疑惑，说："是的，我就是时间，过去我是最富的人，我现在变成了世界上最穷的人了。"使者点点头说："是啊，生活常常这样，但我们怎么对同胞说呢？"老头想了想，答道："你们可以这样说：'记住，时间已不是过去那个样子了！'"

可见，时间是无法取代的，得到时间，你也就是得到一切。

不管快和慢，时间过去了就不会回来。时间只是一种代号，但其意义非常重大！作为青少年朋友们，一定要好好的珍惜时间！虽然对过去的时间无可奈何，但无奈也没什么用，把现在的、未来的时间好好把握住，努力的充实自己，从而让自己的每刻时间都印上生命的足迹，这才是最有意义的事情。

在没有生命的宇宙角落里，时间是毫无意义的，或者说时间是停滞的。对于一块在房前小路旁的石头来说，今天还在重复昨天的故事，而昨天相对百年前的某天，与它又何异？但是，对人，它却有着不同的重要意义，因为昨天的你，和此刻经过它身边的你就不再是同一个你了。

4. 管理好自己的时间

人生最宝贵的两个资产，一个是头脑，另一个是时间。无论做什么事情，即使是一件十分简单的小事，也要花费时间。因此，对于青少年而言，管理时间的水平高低，决定着其学习和生活的成败。

善于运用时间

每个星期有 *168* 个小时，其中 *56* 个小时是在睡眠中度过的，*21* 个小时是在吃饭中度过的，余下的 *91* 个小时即每天 *13* 个小时则由你来决定做什么。如何根据自己的价值观和目标管理时间，是一项重大的技巧。它能够使青少年控制其学习与生活，朝着自己的理想不断地前进，而不至于像在汪洋大海中迷失了方向的船不知所措。

一天，时间管理专家在为一群商学院的学生上课。

"我们这节课来做一个小实验。"专家边说边拿出一个一升的广口瓶放在桌子上，随后，他取出一堆拳头大的小石块，把它们一块块放进瓶子里，直到石块高出瓶口且再也放不进去为止。他向学生问道："瓶子装满了吗？"所有的学生异口同声地应答道："满了！"他反问道："确定吗？""确定！"学生齐声欢呼道。但专家从桌子下取出一桶沙子，把它慢慢放进玻璃瓶。沙子填满了石块间所有的间隙，他的这一举动令在场的学生感到目瞪口呆，他接着问："现在瓶子满了吗？"这次学生不敢回答得太快，终于有位同学打破了原有的寂静，怯生生地回答道"可能没有满吧？""Very good！"专家说完后又拿出一壶水倒进玻璃杯，直到水面与瓶口齐平。他望着学生问道："这个例子说明了什么呢？"

听到这个问题，如果你作为当时在场的一名学生，将会有何感想？教授的实验对你而言是否有所启发，有所触动。在专家提出问题，并停顿了几分钟后，同学们才恍然大悟，原来他讲的内容是时间管理。静下心来思考一下，倘若教授的实验顺序颠倒一下，先在瓶子里放满沙子，就不能放入小石块，更不能放入大石块了。与之相同，在平日的生活中，假如我们的时间都被一些琐碎的杂事占用，那将没有时间做一些重要的事情。

学会优化时间

对于进入初中后的青少年而言，或许大家都会有一种相同的感受，那就是感觉时间不够用。不计其数的同学向老师或家长反映没有丝毫属于自己能够支配的时间与空间，他们非常担心因此而影响自己的学习成绩。有些同学为了赢得更多的时间，在晚自习熄灯后还要借助走廊微弱的灯光或手电筒进行看书学习，恨不得自己的一天能够拥有 48 个小时。

小方是一名初三的学生，在一次家长会上，她妈妈有幸成为家长代表在发言席上发言，小方妈妈的话语令在场所有的家长为之深深震撼："方方回家以后，晚上一般都要学习至 11 点半以后，孩子经常对我讲：'妈妈，中考是人生的第一个岔道口，现在我必须努力学习，别人都在拼搏，都在进步，如果我不努力，很有可能考不上重点高中……'作为家长，我为孩子的勤奋好学所感动，孩子十分懂事，在她年幼的意念中，中考这场战争必须打赢，也只能打赢，但我并不提倡这种挑灯夜战的做法，作为家长，我经常劝导方方要学会管理时间……"

鲁迅先生曾经说过："时间就像海绵里的水，只要你愿意去挤，总是会有的"，列夫·托尔斯泰也有一格言"你没有有效地使用而放过的那点时间，是永远不能返回的"。的确如此，每个人的时间和精力都是十分有限的，每天都有诸多的事情在等待我们去处理，我们不可能对每件事情均一视同仁，如果胡子眉毛一把抓，那么时间一定是不够用的。但是我们也不能只懂得利用时间而不注重抓住效率，因此，怎样才能优化时间？怎样才能从有限的精力和时间中获取最大的价值呢？不妨尝试以下的一些方法：

1. 分清主次，分清轻重缓急。

一个有效率的人应该根据事情的重要程度，每天把需要做的事情罗列出来，然后再紧张而又有序地完成。不论每天有多少事情需要完成，只要把所需做的事情归纳分类，先用大块的时间完成既重要又紧急的事情，就能实现自己的目标。

2．充分利用最有效率的时间。

正是由于每个人的生物钟不同，因此不同的人在不同的时间中做事的效率也有所不同。如有些人的最佳状态在早上，那么他们应该把自己最重要的事情安排在清晨，反之，则亦然。

3．全力以赴完成最为重要的任务。

对于重要的事情，在完成时需要不受外界的任何干扰，全身心地投入，只有这样，任何事情才能迎刃而解，否则将会一事无成。

4．摆脱消极情绪。

在所有阻碍时间管理的消极情绪中，内疚是最最无益的。遗憾、懊悔和心情不佳既不能改变过去，又使当前的事情难以完成。除此之外，对未来的担忧也是一种毫无益处的情绪。

5．适当地进行休息。

适当变换学习的内容，不同学科交叉学习不仅能够缓解大脑疲劳，还有助于提高学习效率；在适当的时候变换一下身体姿势，不仅可以消除疲劳，还能够养精蓄锐。

只有合理有效地计划，利用好点点滴滴的时间，做到劳逸结合，有张有弛，才能达到事半功倍的效果。从某种程度而言，倘若我们能够合理地管理时间，高效率地利用时间，必定会获得成功。

5．运筹时间的黄金定律

假设有这样一家银行，每天早上都会往你的账户上存入 86400 元，在午夜 12 点之前，就会删除你当天没有用完的钱，而不是继续保存到第二天。那么，你会怎么做？毫无疑问，所有的人都会选择把当天的钱全部取出来。当然，在现实生活中，这样的银行和账户是不存在的，但却有一样事物和这个账户有所相同，那就是时间。

时间对每个人都是一样的，每天早上时间老人都会为我们存入 86400 秒，到晚上取消所有没有利用的时间，既不会自动转入第二天，也不允许透支。这就为所有的人们都提了一个醒：如何充分地利用好自己的时间是一门大学问。

什么是帕金森时间定律

世界上没有两个一模一样的人，就连双胞胎也不例外，每个人从一生下来就有一副独特的皮囊。但是，每个人所拥有的时间却是相同的，按照常理来说，在相同的时间里，我们可以做的事情是一样多的。但在现实生活中，有些人总能够为自己的事情留出合理的时间，而有些人却总是显得有些手足无措。这究竟是为什么呢？先来看一看什么是帕金森时间定律吧！

帕金森时间定律的内容是：工作会自动地膨胀并占满所有可用的时间。这是帕金森本人在分析得出"大型组织会变得大而无当、毫无生气"的结论后，总结出来的定律。换而言之也就是说，人们总是会在无形当中为一项工作投入过多的时间，超过实际需要。如果你想让自己的效率提高，那么就必须安排恰当的时间。假如时间过于充裕，你便会将自己的节奏慢慢放缓，以便用掉所有分配的时间。

帕金森曾经描述过一位老太太寄信的过程：这位老太太闲来无事，便想要给远方的外甥女寄去一张明信片，可是仅仅是一件这么小的事情，她却花掉了一整天的时间。让我们来看看她究竟是怎么做的吧：首先老太太花了 1 个小时去找那张明信片，找到之后又花了 1 个小时去找眼镜。然后，接着查询外甥女的地址，这项工作又用去了她 30 分钟，接下来开始写信，又花了 1 小时 15 分钟。就在她决定要出门将明信片送往邻街的邮筒时，她又在想到底要不要带把雨伞，而这小小的考虑又费了 20 分钟。就这样，原来是一件 3 分钟就可以解决的事情，老太太几乎用了一天的时间才搞定，而且在这期间她又在不停的犹豫、焦虑和操劳，最终弄得自己疲惫不堪。

从这件事情中，帕金森总结出来一条定律，那就是："一份工作所需要的资源与工作本身并没有太大的关系，一件事情被膨胀出来的重要性和复杂性与完成这件事情要花的时间成正比。"的确如此，对于青少年而言，总以为给自己足够多的时间去完成一件事情，那么事情的品质就可以得到大大的提高，但事实却恰恰相反。越多的时间反而会使其越懒散、缺乏原动力、效率低，而最终，事情的品质并不会因此而改变。

有趣的时间定律

5 秒钟定律：5 秒钟定律的主要内容是：假如食物在落地的 5 秒钟之内被捡起来，就可以放在嘴里继续食用。这是由一位 2004 年就读于芝加哥农业科学中学名叫吉莲·克拉克的女中学生提出来的，它获得了 2004 年度"搞笑诺贝尔奖"公共卫生奖。吉莲·克拉克在学校里擦地板时无意中发现，其实学校里的地面十分干净，当然细菌也很少，因此突发其想得出这一定律。为了验证它的可行性，克拉克还进行了大量的调查，结果发现 76% 的女性和 56% 的男性都认同她的结论，而且他们还明确表示自己平时就是按照定律来做的。

7 秒钟定律：人们在商场中挑选商品时，存在一个"7 秒钟定律"，也就是说，人们只需要 7 秒钟的时间就可以判断自己是否对这些琳琅满目的商品感兴趣。在这短暂而关键的 7 秒内，色彩起到了很大的作用。

30 秒钟定律：这是记忆力服从的第二个时间定律。如果人们不做出记忆努力，那么在获取和复述记忆材料之间不会超过 30 秒钟。

若要体会一年的价值，不妨去问一问一个留级的学生；要体会一个月的价值，不妨去问一位早产的母亲；要体会一个星期的价值，那么就去请教一个周报的编辑；要体会一小时的坐，就去问一问正在等待约会的情人；要体会一分钟的价值，刚刚错过飞机的人可能会给你最好的答案；要体会一秒钟的价值，就去问一问百米赛跑的金牌获得者。时间真的是一个最珍贵的礼物，珍惜你所拥有的每一秒吧。

黄金定律：时间老人是不等人的，他不会因为某个人而在不断行走的同时猛然停滞，今天就仅仅是今天，时间的摆动不可能让你尝试昨天的甜美，也不可能让你进行明天的愉快。因此，青少年应该学会珍惜点点滴滴的时间。

6. 珍惜时间，珍惜生命

时间是世界上最快而又最慢、最长而又最短、最平凡而又最珍贵、最易被忽视而又最令人后悔的东西。奥格·曼狄诺指出，时间是一切生命存在的形式之一。生命和时间，紧紧相依连，失去了时间，生命就成了虚幻，没有了生命，时间便丧失了意义。时间就是生命，节约时间就是延长寿命。

珍惜时间，拥有成功

对于时间，不同领域的人们有不同的看法。哲学家认为，时间是物质运动持续性存在的方式；企业家认为，时间是金钱；医学家认为，时间就是生命；军事家认为，时间就是胜利；教育家认为，时间就是知识；而科学家认为，时间就是创造。古往今来，历史的变迁，人事的兴替，生命的萌动，青春的激情等等，无不是在时间的注视下形成的。可是，自然万物，谁能生活在时间之外，真正拥有永恒呢？

著名作家高尔基说："时间是最公平合理的，它从不多给谁一分。勤劳者能叫时间留下串串果实，懒惰者时间留给他们一头白发，两手空空。"你不能让时间停留，但可以每时每刻做些有意义的事。

珍惜时间，勤奋进取是天才必备的品质。纵观古今中外的名人志士，他们无一不是靠自己的勤奋努力，抓紧自己的每一分每一秒而成功的。我国伟大的文学家、思想家、革命家鲁迅先生曾说过："时间，就像海绵里的水，只要愿意挤总还是有的。"的确，在日常生活中，可以"挤"出时间的地方太多了。

英国著名的物理学家法拉第在中年以后，为了节省时间，把整个身心都用在科学创造上，严格控制自己，拒绝参加一切与科学无关的活动，甚至辞去皇家学院主席的职务。发明镭的居里夫人的会客室里从来不放座椅就是为了不使来访者拖延拜访的时间。

爱因斯坦在 76 岁时由于操劳过度而病倒了，有位老朋友问他想要什么东西，他说："我只希望还有若干个小时的时间，让我把一些稿子整理好。"

爱迪生是美国的大发明家，他一生都在忘我地工作，成了有 2000 多项发明的发明大王，在 79 岁生日时他自豪地宣布："按常人的工作量计算，我已经 135 岁了。"

海伦·凯勒告诉我们：每个人都应该像明天就会死去那样去生活。如果把活着的每一天当作生活的最后一天，怀着友善、朝气和渴望去生活，那么，我们最终收获的必将是辉煌的人生。但是，作为一个新时代的中学生，你们更应该将生命中的每一天当作一个新的开始，因为，生命的开始是多么的可贵。既然大多数人都不知道自己的生命何时才是终点站，但你却知道今天是你人生余下的生命的第一天。

对于中学生来说，自然界所赐予的每一天都是新的，都是好日子，因为它包含了重新再来的机会、勇气与希望，每天你们都应用感恩的心来迎接它，使用它，将一日的生活过得丰富而踏实！这也是你们能把握生命中每一天的惟一方法。

珍惜时间，珍惜每一天

时间对于每个人来说都是重要的。勤奋者总感到时间不够用，面对时间紧而有序；懒惰者总感到时间难以消磨，面对时间不知所措。

一天，在医生拥挤的候诊室里，一位老人突然站起来走向值班护士，"小姐，"他彬彬有礼，一本正经地说，"我预约的时间是三点，而现在已经是四点，我不能再等下去了，请给我重新预约改天看病吧！"两个人在旁边议论纷纷："他肯定至少80岁了，他现在还会有什么要紧的事？"那老人转向他们说："我今年88岁，这就是为什么我不能浪费一分一秒的原因。"

一个88岁的老人，他知道时间对他来说意味着什么，在他身上，人们才能真正的感觉到时间就是生命。中学生朋友，你感觉到时间就是生命了吗？你能体会到这句话的意思吗？也许对你来说，有很多很多的时间，你总觉得时间用也用不完。可是，你有过这种情况吗？在睡觉前，你突然想起，第二天的作业忘记做了；在考场上，你发现平时浪费了时间，还没来得及好好复习；和同学约好了在某一时间见面，可是过了约定的时间，你还没有到……

生活中的每个人都是平常人，有一天都将老去，但人们总是把那一天想得极其遥远，把人生视为当然。当青春年少的你们正处于精神活泼、身体健康的状态时，死亡简直是不可想象的。2008年5月12日，2点28分，那是一个刻骨铭心的时刻。难道只有当灾难来临时，只有当生命受到威胁时，你们才能感觉到时间的可贵吗？

请注意聆听：嘀嗒，嘀嗒……这是唯美的音符，幸福的希冀，欢乐的鸣啼，也是秒针旋转的节拍。嘀嗒，嘀嗒……你，来了；为了迎接你的到来，她欢快地旋转起来；你，长大了；每长高一寸，她便会旋转一圈、一圈，平和地，缓缓地；你，读书了；每上完一堂课，你就会偷偷看上她一眼，她还是在旋转，兴奋地，紧张地。其实，每个人的生命就好比一张张面纸，等一一抽取之后，如果自己没有善加利用，即可能会被弃如敝屣。

日常生活中，有的人惜时如金、分秒必争、废寝忘食、努力拼搏。而有的人则整日无所事事，在一场网络游戏、一次戏嬉中打发光阴。在生命中，每个人都可以自由地选择如何处理自己所拥有的每一天，你可以把它消磨在游戏厅和网吧里，也可以将它花在教室里或运动场上。当然，你也可以将它变得轻如鸿毛、一文不值，或者把它过得多姿多彩、富有意义。在世界上，对人类来说最可贵的就是"今"，而最容易丧失的也是"今"。因为它容易丧失，所以更觉得它宝贵。

时间过得很快，犹如黑夜里的流星，瞬间滑过星空。虽然说时间是属于每个人的，但不是每个人都可以拥有它。只有珍惜时间，不浪费一分一秒的人，才能把握好自己的人生。

斯宾塞曾经说过："必须记住我们学习的时间是有限的。时间有限，不只是由于人生短促，更是由于人事纷繁。我们应该力求把我们所有的时间去做最有益的事情。把握好自己的时间，确立正确的时间观念，抓住身边的每一分钟，珍惜时间吧。

珍惜时间，就是珍惜生命，珍惜时间，就是珍惜生命中的每一天。

7. 树立正确的时间观念

有人曾这样写到：人生就好比在空白的纸上涂鸦，可以有规律，也可以很随意；可以很鲜艳，也可以很浅淡。而这都取决于你如何利用你的人生时间。只有树立正确的时间观念，才能很好地绘画自己精彩的人生。

时间观念是人的根本品质

从某种程度而言，时间观念是人的根本品质，是对被约人的起码尊重，是走上成功之路的基本条件，是驾驭财富的第一要素，是学习、工作与生活上最为重要的准绳……对于青少年而言，良好的时间观念有助于其健康成长。一般而言，守时、惜时的孩子，心智成熟程度较高，不仅容易建立健康规律的学习生活习惯，还能够具有自信、乐观的精神，与此同时其交往能力也比较强。

有一家以普通小客户作为主要访问对象的保险公司，当时，在其他保险公司的推销员一天只访问 30 个左右的客户时，而这家保险公司的推销员，每天却要访问 100 个以上的客户，每天早上 9 点左右，他们就来到自己所负责的区域，展开例行的访问活动，其他竞争对手直到 9 点以后才姗姗来到。若不考虑别的方面，仅仅从起步而言，这家保险公司就赢得了 30 分钟。

除此之外，经调查当地顾客之后，你们就会发现他们受欢迎的程度令人吃惊。这家保险公司的推销员，不管刮风下雨，从来没有中断过该地的访问活动，而其他保险公司的推销员，只是偶尔才来，且只是停留一小会。

如果每天都能比竞争对手多出 10 分钟，虽然只是短短的 10 分钟，

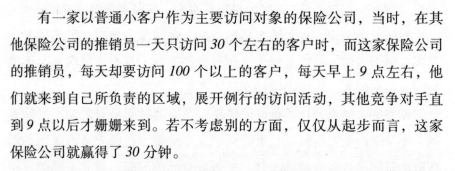

但是一个月却能积累 240 分钟左右，一年就能多出 48 个小时左右。"一寸光阴一寸金"，对推销员而言，时间就是金钱。因此，他们的时间观念和业绩是紧密相连的。

古往今来，不计其数的人们惋惜，时间易逝，于是感叹"时间之快，人生行乐需及时"，"黄河之水天上来，奔流到海不复回……"的确如此，时间的流速实在令人难以估测。那么，一个人怎样才能在有生之年活得更有意义，做出更大的贡献呢？答案却是惟一的：树立正确的时间观念。

青少年应惜时如金

莎士比亚曾经说过："放弃时间的人，时间也会放弃他。时间会冲破青少年的华丽精致，把平行线刻上美人的额角，吃掉稀世之珍……天生丽质，一切都难以逃脱它横扫的镰刀。"巴甫洛夫在《给青少年们的一封信》中谈到："一个人即使是有两次生命，这对于我们青少年而言也是不够的。"董必武在《中学生》中说道："逆水行舟用力撑，一篙松劲退千寻，古人云此足可惜，吾辈更应惜秒阴。"这些话语均向青少年揭示出树立正确时间观念的重要性。时间对于每个人而言都是公平的，它不会因你是一个勤奋者而多给，也不会因你是一个懒惰者而少给，在有限的时间内，不同观念的人得到的结果却不尽相同。

华西村之所以能够取得巨大的成就，时刻走在前列，这与华西人正确的时间观念是密不可分的。

吴磊是华西村的一个村民，一次，包括他在内的二十几个华西村民去日本旅游时，陪同的导游是一位华裔日本人。原本约好的是早上八点集合出发，但是到了早上 7 点 45 的时候，华西村民早已来到了集合地点，却迟迟不见导游的踪影。八点，八点十分……时间在不断流逝着，直至8点35的时候，导游才慢慢腾腾地从远处走来。

大家都感到非常生气，纷纷质问导游为什么迟到。刹那间，导游感到十分惊讶，并说道："你们怎么这么早就到了，以前中国的游客从没有在规定时间就能集合完毕的，一般情况下，总要拖延半个小时左右，因此我也是依照'经验'晚来了半个小时左右……"游客具有极强的时间观念，不禁使导游感到他们的与众不同，他竖起大拇指，接着说道："难怪你们的经济水平一直名列前茅，就凭你们正确的时间观念，我心服口服了！"

"三更灯火五更鸡，正是男儿读书时，黑发不知勤学早，白首方悔读书迟。""少壮不努力，老大徒伤悲。"这些诗句均向青少年阐述了一个道理：人生有限，必须树立正确的时间观念，做到惜时如金，趁青春有为时多学习一些科学知识，多做出几番事业。在现实生活中，不计其数的青少年并没有意识到时间的弥足珍贵，没有树立正确的时间观。你们不懂得珍惜时间，整日浑浑噩噩、庸庸碌碌、无所作为；把今天的学习任务拖延至明天，把今天需要做的事情不时地向后推移；生在蹉跎岁月，却丝毫不会感到因虚度年华而悔恨，因碌碌无为而羞耻。

大凡成功的人，都是具有极强的时间观念，善于运用时间，做好计划安排的人。他们绝对不会在不能给自己带来好处的人和事上浪费一分一秒，他们总是清楚自己下一步要去做什么。与此同时，时间也会为勤勉的人带来智慧和力量，为懒惰的人仅仅留下悔恨。只有树立正确的时间观念，青少年才能掌握更丰富的知识，迎接不断的挑战，拥有美好的未来。

第三章

金钱观与幸福观

第一节　金钱观

1. 金钱观指的是什么

金钱观是对金钱的根本看法和态度，是和人生观紧密相连的。

马克思主义科学的揭示了金钱的本质和历史作用，认为金钱作为物质财富，是人类创造的，并为人类服务，人类应当是金钱的主人，而不是金钱的奴隶。人们依靠自己的劳动创造财富，获取财产，金钱是光荣的，而那种用剥削、掠夺，欺诈的手段不劳而获的，则是可耻的。金钱在促进商品交换的过程中起了重要作用，但金钱并非万能，世界上有比金钱更重要、更宝贵的东西。居里夫人放弃"镭专利"的巨额金钱，毅然将炼镭的技术公布于世，并把自己几乎全部的奖金捐给了科研事业和战争中的法国。

《茶花女》书中有一句名言："金钱是好仆人、坏主人。"是做金钱的主人，还是做金钱的奴隶，这反映了两种不同的金钱观。

当然，有了钱就可以有许多东西，就能建立一个在物质上比较富裕的家庭，也就能过较为舒适的物质生活。但是，我们的生活绝不是只要拥有高档的物品就一切美满了，因为幸福的生活除了物质享受之外，精神上的愉快也是必不可少的，甚至更为重要。我国国内革命战争时期，有些革命青年甘愿放弃城市的优裕生活，到延安去睡土炕，吃小米；解放初期，许多侨居海外的科学家，舍弃洋房、汽车，回国住集体宿舍，骑自行车，他们的薪金少了，物质生活水平降低了，然而他们却感到更幸福。可见，一个人即使缺少钱，但他为了某种高尚的理想而活着，那么他也是幸福的。一个人即使有很多钱，但他的精神世界如果是空虚的，或者生活并不自由，那么就决不会有幸福，有时甚至是痛苦的。《红楼梦》里的贾宝玉生长在一个门第显赫、极为富贵的封建官僚家庭里，过着饭来张口、衣来伸手的奢侈生活，按理说他是很幸福的，但事实并非如此。他为封建礼教所禁锢，没有自由，因此，他不幸福。古罗马帝国皇帝尼禄可以说是富甲天下了，但他是否幸福呢？他的富有、尊贵只使得他兽性大发，弑母戮师，甚至荒唐到火烧罗马城，最后众叛亲离，只得自杀。这，说明了金钱与幸福之间并不能划等号。

我们透过金钱的魔力，揭开它那神秘的面纱，就会发现钱不过是一种商品，如果丧失了那种能够交换商品的能力的话，那么纸币不过是一些废纸，金属币也只不过是一堆破铜烂铁。对钱的态度正确、理解得透彻的人是不会被钱所打动的。我们对钱要有一种正确的认识。既不能像晋朝的王夷甫那样把它蔑称为"阿堵物"，连碰也不愿碰它，也不能为它而疯狂，用不正当的手段去获取它。总而言之，我们对钱的态度应是"取之有道，用之有度"。

2. 金钱并非快乐之源

人若要慷慨，先要节俭。节俭不只给自己带来方便，而且与人为善，它兴建医院、广施钱财、捐资办学、倡导教育。只有最善良的心灵，才可能生出仁爱，它有一种近乎于神的品质。

普通的人，心理有同样的情感。一个人，无论他如何穷途末路，劳碌辛苦，身份低微，行善之于他，是天赋，更是祝福，它带给施与的快乐，与领受者相比，不见得少呢！

其实，我们夸大了钱财的能力。固然，为了让人们脱离他们罪恶

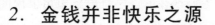

的历程，为了让他们向善，我们募集了大量的捐赠。但单单捐赠并不能够达到目的，钱财从未能影响社会的重大变革。有诚挚的决心、切切实实的献身、努力的工作，才能够使人克服放纵、短视、不虔敬的恶习，使他们在追求正当高贵的目标时，实现自己的幸福。钱也许有很多的用途，但金钱自身什么也做不到。

钱财的力量被夸大得太厉害的了。决心在社会出人头地的人，都把它看作是很要紧的东西。他们有了钱，可能大度，也可能骄傲。有的人为了博得别人的好感，日常生活常常挂在嘴边的那些言不由衷的自白，徒增人的反感。

某些人对钱财崇拜得五体投地。以色列人有他们的金牛，希腊人有黄金做的丘比特神像。爱慕金钱、财物，是人类天性中最低贱的部分。人们常常会问，"他有多少财产？""他收入多少？"如果你告诉他们："我发现一个仁慈、有德、完美的人！"他们毫不在意；如果你说："我发现一个有百万家财的人！"人们会对他刮目相看。

野心、贪婪，如果说它们可以使国家扬眉吐气，却会使国家的每个分子变得粗鄙不堪。现在，每个人都在拼命赚钱发财，他们已经不能看到那些更高的品质……人们现在的许多奇思异想足以说明，他们对资本的渴慕，已经取代了其他一切高尚的志向，无论是现世的，还是来世的。

对金钱的追求会将它前面的一切都扫开，而现在，它已经成为人民的一种习惯。人们的注意力完全在它身上，其他的幸福，或者全不放在眼里，或者被说得一无是处。而后，这些渴求金钱的人又希望通过捐助，来恢复自己的道德品质。山一样的财富沉重地压在他们的心头，压在他们的灵魂上，如果他们能够抵抗住这种压力，继续保持勤勉的习性，坚强的心灵，那他们真可以说是用特殊材料做成的人，因为人一旦有了钱，往往容易虚度光阴，挥霍无度。

如果钱财不会使人们相互疏远，世上一半的罪恶就会消失。如果雇主多接近工人，也允许工人多接近雇主，我们就不会遇到现在这么严峻的考验。他们应该有所作为，帮助那些工人不要沉溺于酒店；他们应该从他们的财富中，拿出更多的部分，为人们建造娱乐消遣的场所，他们应该提供更好的住房、更清洁的公厕、更好的街道。如果这些都能做到，业主无须停工，工人也不必罢工。

确实，如果金币像冬天的雪片一样飞舞在我们的面前，像夏天的草莓一样的沉甸甸，有什么理由要去注意一位布道牧师的唠叨呢？

人们继续辛辛苦苦地干活，希望钱财能攒得更多。看他们十分卖力的样子，我们真会以为他们是在贫困中挣扎，其实在他们周围，财富堆积如山。他们抓住一切机会搜刮，一分一分地挣，有时为了一点蝇头小利，什么低贱的活也肯屈尊，而实际上，他们累积的财富已经远远超过他们能够享用的程度。但他们仍然夜以继日，不断地绞尽脑汁，希望能够锦上添花。

这些人也许在早年没体验过教育的好处，因而完全不能感受书本的乐趣，对书没有任何兴趣，有时，甚至自己的姓名都拼写不出。他们的脑子里只有一件东西，就是钱；只盘算一件事情，就是怎么赚钱。他们除了信仰财富，别的没有任何信念。他们把孩子置于完全的控制之下，只教他们服从，不培养他们的才能。

最后，这些积累的财富传到孩子手里。以前，他们花钱受到限制，现在限制解除，他们就大手大脚，他们从不知道，还有比这更好的生活方式。他们挥金如土，他们不愿再像他们的父辈那样做苦力，他们要做"绅士"，要像绅士那样开销。很快，钱犹如长了翅膀一样，都飞走了。第一代积攒财富，第二代挥霍，到了第三代就一穷二白，又重新沦为贫困的阶层，这样的事例举不胜举。

有一句谚语，"两只木底鞋，一双长统靴。"意思是说，父亲穿木底鞋积累了财富；儿子有钱，把它花得干干净净；再到孙子辈，又穿起木底鞋来了。

人到老年，永远摆脱了为钱的劳作、期待和焦虑，为了晚年过得幸福，他们在青年、中年的时候，就应当保持他们的心灵健康活泼。他们应当熟悉各类知识，对于那些使得世人一代胜过一代的种种已行的事，正行的事，应当培养自己的兴趣。多数人的生活中，有足够的闲暇可以去阅读传记、历史，可以去掌握许多科学知识，了解那些与赚钱不同的、更加高尚的事业。纯粹的享乐不能使人幸福，纯粹追求快乐的人是不幸的动物。

如果一个濒临死亡的人，面前除了成堆的金币外，别无任何慰藉，那是多么悲惨的结局啊！世界正从他眼中消失，他却在紧挨着金币不放，然后咽了气，最后一个动作仍是在抚弄他的金币。守财奴爱尔维斯，死时还在高声叫着，"我的钱！谁也不能夺走我的财产。"一幅多么可怕、难堪的景象啊！

人往往因为不够节俭而遭报应，富人则因为节俭得过头而遭报应——他们越来越吝啬，越来越感到自己的钱袋在缩小，死时像个乞丐。我们知道许多这方面的例子，比如，伦敦一个最有钱的商人，过一段贫苦日子之后，去了农村，来到他出生的那个教区，请求领取救济金。他虽然家财万贯，但却惶惶不可终日，惟恐某天自己会身无分文。当地人给他发了救济金。他死时其状如同乞丐。

世上所有的有钱人，所有的守财奴，自己终会发现，世人也会为他们发现，他身后所留的，无非是人们的一句"他死时很有钱'。他的财富，对躺在坟墓里的他，没有任何益处，只是末日审判之际为他的并不光彩的记录再添上一笔。如果这便是他一生的报偿，那真是一种不幸的报偿。

富裕和幸福，两者并无必然的关联。有些场合，我们甚至可以断言，幸福与财富恰成反比。有许多人，他们一生最幸福的时刻，正是他们与贫穷做斗争、逐渐摆脱贫穷的时候。正是这段时间，他们为了别人牺牲自己，为了将来的自立放弃眼前享乐，也正是这段时间，他们一方面每天为面包而辛劳，一方面又滋养自己的心灵，努力使自己的家庭智慧更多、境况更好、生活更幸福、对社会更有贡献。

每一种生活，都有它的补偿。穷人还是富人，其间命运的差别没有我们通常想像得那么大。富人固然有许多的特权，却常常为此付出很高的代价：他因为自己的财产而茶饭不思，也许会成为被勒索的对象；他更容易上当受骗，容易成为众人的目标；他的周围聚集了一大帮向他伸手要钱的人，不把他的钱袋榨干，他们不会甘休。有这样一种说法是，钱一旦多了，去得就快。

穷并不丢脸，如果在贫穷中能够保持诚实，那是值得赞美的事情，我们也常常听见这样的赞美。如果一个人能在贫穷之中保持自己的尊严，不为金钱出卖自己，待人诚实，那么他的贫穷是值得大大夸耀的。此外，一个能够自立的人不能算是贫穷，比那些无所事事、一身债务的绅士，他要幸福得多。

孟德斯鸠曾说过，一个人一无所有并不是贫穷，只有他不去工作，或者不能工作，那才是真正的贫穷。一个能够工作、并且愿意工作的人，比好些拥有万贯家财、无须工作的人，要更为富裕。

贫穷会磨炼人的智慧，所以许多伟人最初都很落魄。贫穷能净化人的道德，振奋人的精神。在勇士的眼里，艰辛也是一种快乐。如果我们从历史中去搜索证据，便会看到，人的勇气、正直、大度，不取决于他的财富，反倒取决于他的寒微。至勇者往往是赤贫者，他们往往感到自己有足够的力量实现自己世俗的需要。

上帝造出了贫穷，而未造出痛苦，这两者有天壤之别。痛苦让人蒙羞，它往往出自不检点，出自无聊和酗酒；贫穷而不失诚实却让人尊敬。在贫穷中能够忍受、能够坚持的人，尊严并无损害；但一个安于乞讨生活的人，却于社会毫无用处，只会造成祸害。

一切人中，最幸福的往往是穷人，而不是富人。然而，尽管人们都羡慕穷人，却没有人愿意落到他们的境况。

一位哲人说得好，"让空虚和谎言都离我们而去；贫穷非我所欲，富裕亦非我所欲；粗茶淡饭，我已足矣。"人的快乐的天性也是不平等的，这种不平等，较之财富的不平等，更为重要。财富所赐的其实有限，人性的好坏，并不取决于它。灵魂的力量远大于财富，它决定了人性的善恶，进而决定天性的快乐或者忧伤。

3. 致富源于健康的人格

提起致富，没有人不感兴趣。因为只有致富，人们才能提高生活质量。

尽管人们的心中还多多少少地恶心金钱，但都渴望尽早致富，于是就有越来越多的人，或辞职来个破釜沉舟，或兼职攻防兼顾；也有的人由于下岗而待业，迫于生计无奈而投入商海，却收获很丰富。

这些人有的跻身于富豪之列，多半也都达到了小康水准。他们的成功表明，致富已不再是少数人拥有的专利，人人都有成功的机遇，只要你把握准确。

随着人们的生活水准日渐提高，越来越多的人便想在已有的资金积累的基础上，图谋更大的发展。这种愿望虽好，但是在我们看来，穷富之间似乎有一条跨越不了的鸿沟。原来是贫困的，现在多半仍是贫困；原来是富裕的，现在多半仍是富裕的。这种既尴尬又难堪的局面，成为我们要努力试图改变的目标。但首先我们应该要面对的不是如何去扭转它,而是应该去全面的认识它。那么,致富的涵义是什么呢?

致富是一个具有较为完整人格的或具有完善趋向的人,把自己内心的潜能通过外显行为释放或表现出来的过程。

每个致力于致富的人,都应了解自己的个性特点,扬长避短,在致富过程中不断完善自己的个性。从对许多杰出人物的研究中可以发现,他们的人格因素中不乏极其典型的健康因素,有些甚至超越了他们所处的时代文化与精神,但并不完美。只是他们在创造成就和财富中,丝毫没有忽视对自己情感的不断丰富。严格地讲,他们在创造财富的过程中,都有其努力追求的健康人格目标。

心理学家马斯洛将自己的生命奉献给如何最充分地发挥人的潜能的研究,他认为只有在满足低级需要之后,那些高层次的需要才能出现。当一个人已经成功地满足了基本需要之后,他的能量就能更多地投入自我实现。但自我实现不能把实现自我作为一个目标来追求,它往往是把才能积极投身于自我之外的事业的副产品,这个事业既是致富的过程,也可以是对美、真理、正义探索的过程。生活中如果没有这样一些过程,即使他拥有无数金钱,一个人也很可能会感到厌烦、空虚。

4. 财富的由来

1. 懒惰使人畏缩

继承大笔财富,最主要的缺点在于:经常会使继承者变得懒惰并失去自信,进一步生出消极心态。有这样一件事:玫克林夫人生下了一位男婴,据说,他将可继承上亿美元的财富。当这个小婴儿被放在婴儿车中,推出去呼吸新鲜空气时,四周挤满了护士,侦探,以及其他各种仆人,他们的责任就是要防止这个小婴儿受到任何伤害。从那

时到现在已有很多年了，但这种警戒情况仍然继续维持着。任何仆人能够做的事情，皆不准他自己去动手。他已长大到 10 岁了。有一天，他在后院玩耍时，发现后门并未关上。在他的一生中，他从未独自一个人走出那个后门，因此，很自然的，他心里希望能够这样做。就在仆人们未注意到他的那一瞬间，他立刻从后门冲了出去，向着街道跑去，但还未冲到马路中央，就被一辆汽车撞死了。

他一向使用仆人们的眼睛，以至于忘了使用自己的眼睛，当然他如果早点学会相信自己的眼睛，它们必然会为他提供服务。

某位大富翁将他的两个儿子送到外地上学，他每个月各开一张 100 美元的支票给他们。这是他们的"零用钱"，供他们随意花费。后来，这两个人带着他们的文凭回家了，他们还从学校中带回了除文凭以外的其他东西——久经训练的好酒量。

因为，他们每人每月所收到的 100 美元，使他们不必去为生活奋斗，也因此使他们有机会去好好训练他们的酒量。

几年之后，他们的父亲已经破产，他那栋豪华大住宅，已经公开拍卖出售。两兄弟中，有一人死于精神错乱，另一人现住在精神病院中。

并不是所有的富家子弟都有如此悲惨的下场，但是，事实仍然如此：懒惰会造成畏缩，畏缩会导致进取心及自信心的丧失，从而消极生成心态。一个人缺乏这些基本的优点，终其一生都要在不稳定中生活，就如同一片枯叶随风飘荡。

许多人能够在这世上功成名就，主要是因为他在生命初期即被迫为生存而奋斗。许多做父母的因为不知道从奋斗中可以培养积极心态，所以他们会这样说："我年轻时必须辛苦工作，但我一定要我的孩子能过得舒服。"真是既可怜又愚笨的人呀。生活过得"舒服"，通常反而会害了孩子们。这个世界上，还有比被迫劳动更悲哀的事情吗？但被迫工作，以及强迫自己做出最好的表现，并使你培养出积极的心态，比如节俭、自制、坚强的意志力、知足常乐及其他一百项以上的美德，这些都是懒惰的人永远得不到的。

2. 吃小亏占大便宜

如果你只是从事你的报酬分内的工作，那么你将无法赢到人们对你的有利评价。但是，当你用积极心态从事超过你报酬价值的工作时，你的行动将会促使与你的工作有关的所有人对你做出良好的评价，而且还将进一步建立起你的良好声誉。这种良好的声誉，将给你带来更多的报酬。

卡洛·尼斯起初是汽车制造商杜兰特的助手，后来成为了杜兰特手下一家汽车经销公司的总裁，他谈晋升过程时说：

"当我刚去替杜兰特先生工作时，我注意到，每天下班后，所有的人都回家了，但杜兰特先生仍然留在室内，而且一直呆到很晚。因此，我也决定在下班后留在办公室内。没有人请我留下来，但我认为，应该有个人留下来，必要时可对杜兰特先生提供任何他所需要的协助。

因为他经常在寻找某个人替他把某种公文拿来，或者替他做个重要的服务，而他随时都会发现，我正在那儿等待替他提供任何服务。他后来就养成了呼叫我的习惯。这就是整个事情的经过。"

卡洛·尼斯的"任劳任怨、不计报酬"既锻炼了自己的工作能力，又赢得了老板的好评和信任，最终被提升到很好的职位，这些都是"不计报酬"运用积极心态而带来的报酬。

拿破仑·希尔有一次被一所学院邀请去讲学。他受到从未有过的热烈的欢迎，并遇见了许多可爱的人士，从他们身上得到了许多珍贵的教益。他说此行不虚，因此婉言拒绝了学校付给他的 *100* 美元报酬。

第二天早晨，学院院长对学生动情地说："在我主持这家学院的20 年期间，我曾经邀请过几十位人士前来向学生们发表演说。但是这是我第一次知道有人拒绝接受他的演讲酬金，因为，他认为他已在其他方面有所收获，足以弥补他的演讲酬金。这位先生是一家全国性杂志的总编辑，因此我建议你们每个人都去订阅他的杂志，因为像他这样的人，一定拥有许多美德及能力，是你们将来离开学校、踏入社会时所必须用到的。"

不久，拿破仑·希尔所主编的那家杂志社收到了这些学生 6000 多美元的订阅费。在以后的两年当中，这所学院的学生以及他们的朋友一共订阅了 50000 多美元的杂志。

请问，你能够在别处以其他方式投资 100 美元，而获得如此大的利润吗？

有一句俗语：吃小亏占大便宜。比如百货公司用积极心态接收顾客的退货，不仅促使他们改进工作，而且会获得广大顾客的信赖，购物者因此更多，这难道不是占大便宜吗？

3. 做一个个性豪爽、态度乐观的人

A 先生是一个有积极心态的商人，不论洽谈生意成功与否，脸上常挂笑容，走起路来昂首挺胸，"不怨天，不尤人"，朋友都很喜欢与他为伍。

B 先生则为人悲观，对顾客没精打采，一遇到困扰就愁眉苦脸。受他的影响，他的员工工作热情平平，上下关系紧张。

由于 A、B 两人处世的态度不同，做事的方针便有差异。A 先生乐观积极，员工也活跃起来，遇到有新构思、提议，也乐于同 A 先生分享，公司上下充满干劲，富有进取精神。B 先生的公司恰恰相反，员工们受他的影响，悲天悯人，公司上下缺乏闯劲，这家公司无疑难以发展。

会赚钱的人肯定是 A 先生的同路人。因此建议朋友们抬头挺胸，谈笑风生，用快乐感染周围的人。保持活力的形象有助你赚钱。

另外，你找朋友也要找乐天派，从他们的身上感受积极向上的情绪，你也会跟着积极向上的。

4. 对人生充满信心、有强烈的追求

我们经常在电视上看到这样的镜头："一个上了年纪而精神不错的男人手臂上挎着一位妙龄女郎。这位男人往往是位成功的男人，在他身上仍有年轻人精力充沛、旺盛的影子。所以，人们看到这老少一对，并不会产生不协调的感觉。有时候，他们往往会令看到他们的年轻人汗颜。

一个人只有精神力充沛，有积极的心态才能对所从事的事业锲而不舍。这里不妨对你说，健康的身体才是赚钱的本钱。因为身体不佳，对于自己，对于世界来说都会失去希望。

随着年龄的增长，不但要保养好你的身体，而且要永存一颗年轻的心。如果你抑郁寡欢、多愁善感、毫无自信、失去了追求和目标，你的身体也会随之快速衰老。让你的生理年龄（貌龄）和心理年龄，都大大小于你的实际年龄，你将更吸引人，特别是异性。

因此，每天愉快的生活吧，不要太劳心。

5. 钱财同水一样，往低处流

越谦虚的人，越能赚到钱。这是积极心态创造的财富。

拥有积极的态度，对于生意人来说具有特别的意义，即所谓和气生财。对顾客要低姿态，是生意人的根本。

美国石油大王洛克菲勒说："当我从事的石油事业蒸蒸日上时，我自始至终晚上睡觉时，总会拍拍自己的额角说：'如今你的成就还是微乎其微！以后路途仍多险阻，若稍一失足，就会前功尽弃。切勿让自满的意念，搅昏你的脑袋，当心！当心！'"这句话的意思也是劝说人们要谦虚，尤其是在稍有成就时应格外当心，不要骄傲。

人们大都会有这么一种想法：愈是谦逊的人，你愈是喜欢找出他的优点来推崇；愈是把自己的所作所为看得了不起，孤傲自大的人，你愈会瞧不起他，更喜欢找出他的缺点，加以全力攻击。洛克菲勒正是明白这个道理，才说出这番话，并且从中获益的，因为经过一番警惕后，因小有所成而引起的过度兴奋的情绪，便可平静了。

乐极就会生悲，过度兴奋就会出差错。就像打麻将一样，和了一个大牌就会心慌，接下来如果情绪不稳定就会出错牌。

金钱就像流水一样，由高处往低处流，愈到下游，覆盖的面积就愈大，土地也愈肥沃。赚钱的情形就是这样。采取低姿态、谦虚、满怀感谢之心的人，金钱就会顺流向他而去。愈是有涵养、稳重的君子，态度愈谦虚；相反的，毫无内涵、轻薄的小人，态度愈骄傲。

愈是赚大钱的人，态度愈谦虚，愈要有积极的心态。如此，金钱必会像水一样，不间断地向你涌来。

7. 要节俭，不要浪费

"越是富有的人，越不会铺张浪费，挥金如土；而钱少的人则往往喜欢打肿脸充胖子来摆阔气。"

就以旅行为例，真正的大富翁每次全家出外旅行时，穿的都是轻便的牛仔装、球鞋。他们并没有感到寒酸或丢人现眼。可相反则是，每次出外旅游的一般观光者们，经常是穿金戴银的，好像唯恐天下人不知道他（她）很有钱似的。殊不知，这样一来，这些游客正好成了扒手们最好的行窃对象。

事实上，越是有钱的人，往往越不在乎使用廉价物品，而没有钱的人却怕生活使用廉价物品会降低了他们的身份。这种消极的心态可以说是人类的一种悲哀。

5. 物为我用的智慧

在这个讲求物质文明的时代里，一个人就像是一粒沙子，随时会被环境中的狂风吹得不见踪影，除非他有躲避在金钱背后的力量，除非他有积极的心态去对待金钱。

生命中最重要的就是"自由"。如果没有相当程度的经济独立，一个人就不可能获得真正的自由。这是一件相当可怕的事。一个人被迫待在一个固定的地点，从事一件固定的工作，每周，每天要做上好几个小时，而且要做上一辈子。从某些方面来说，这等于是被关在监牢里，因为一个人的行动已经受到限制。事实上可能还比不上监狱中的"模范囚犯"，有时候甚至比一般囚犯还更可悲。因为，被关在监狱中的囚犯，至少不必再费神为自己去找个睡觉的地方，以及为自己找些吃的东西和穿的衣服。

要想逃避这种自由被剥夺的无期徒刑，唯一的方法就是养成储蓄的习惯。然后永远保持这个习惯，不管你必须要做多大牺牲。对于我们上面所指的这几百万人来说，除了这方法之外，再也没有其他方法可以逃避这种困境了，除非你是很少数例外中的一分子。

一个叫做查理·赛姆斯的美国孩子是个例外。

正是使用了他人资金和一项成功的计划，同时加上积极的心态、主动精神、勇气和通情达理等成功原则，他才变成了巨富。

得克萨斯州东北部达拉斯城的查理·赛姆斯是一位百万富翁。然而他在 *19* 岁时，除去找到了工作和节省了点钱以外，并不比大多数十几岁的孩子更富裕。

查理·赛姆斯每星期六都定期到一家银行去存款，这家银行的一位职员便对他产生了兴趣。因为这位职员觉得他有品德，有能力，并且又懂得钱的价值。

所以当查理决定自行经营棉花买卖的时候，这位银行家就给他贷了款。这是查理·赛姆斯第一次使用银行贷款。正如你将看到的那样，这并不是最后一次贷款。于是他领悟到——你的银行家就是你的朋友。并且从那时起，他的这个看法一直受到证实。

这个年轻人成了棉花经纪人，大约过了半年以后，他又成了骡马商人。成功使他深刻地领悟到一个人生哲理——通情达理。

查理当了骡马商人几年之后，有两个人来找他，请他去为他们工作。这两个人已经赢得了卓越的保险推销员的良好声誉。他们来找查理，是因为他们从失败中取得了一个教训。情况是这样：

这两位推销员成功地推销人寿保险单达许多年之久，他们受到激励，自己开办了一个保险公司。他们虽然是出色的推销员，但却是蹩脚的商业管理员，因此，他们的保险公司总是赔钱。

人们常常认为要想在商业中取得成功，只有依靠销售。这是一个荒唐的见解，拙劣的经营管理赔钱的速度比赚钱的速度更快。他们的苦恼就是他们俩人中没有一个是优秀的管理人员。

但是他们取得了教训。他们在见到查理时，其中的一个对查理说："我们是优秀的推销员。现在我们认识到我们应当坚持自己的专长——销售。"他犹豫了一会，审视着这位年轻人的眼睛，又继续说："查理，你有良好的经营知识，我们需要你。我们合到一起就能成功。"

他们就这样合到一起干起来了。"

　　几年以后，查理·赛姆斯购买了他和那两个推销员所开办的公司的全部股票。他怎样得到这笔钱的呢？当然，他是向银行贷款的。记住，他很早就领悟到：应把银行家作为自己的朋友。

　　在当年，这个公司的营业额就几乎达到了40万美元。就在这一年，这位保险公司经理终于发现了迅速发展的成功途径，而这个途径正是他长期以来一直在寻找的东西。他从芝加哥一家保险公司应用"提示"成功地发展销售业务中受到启示，找到了成功的途径。

　　那时有些销售经理业已多年应用所谓"提示"制度来开拓新的业务。销售员如果有了足够、良好的"提示"，就常常能够获得巨大的收入。那些对某种业务有兴趣的人所提出的询问就叫做"提示"。这种"提示"一般是由某种形式的宣传广告而获得的。

　　也许你根据经验已体会到，由于人的天性，许多销售员羞于或害怕向那些他们所不认识或以前没有个人交往的人推销东西。由于这种恐惧心理，他们浪费了大量的时间，他们本来可以用这些时间找到可能成为顾客的人。

　　但是，即使是一位很一般的销售员，如果他获得不少的"提示"，他就会因受到激励而去访问那些提出询问并可能成为顾客的人。因为他知道：当他获得良好的"提示"时，他就能找到合适的销售对象，销售就可能成功——即使他本人也许只受过很少的销售训练，或者只有很少的经验。

　　如果无论什么样的先决条件都没有，一个人被迫去销售，就会感到恐惧，但如果这个人有了"提示"，他就不会那样恐惧了。有些公司就根据这样的"提示"而制订整个销售计划。

　　广告是用以获得"提示"的方式。但是登广告费用很大。

　　查理·赛姆斯这样正直、有计划而又懂得如何执行计划的人正是属于这个银行的业务范围。

确实有些银行家不肯花时间去了解他们当事人的业务，而州立银行的职员凯特和其他职员却愿意这样做，查理向他们解释他的计划。如果，他得到了贷款，用以通过"提示"系统，建设他的保险公司。

正是由于这种信贷制度，查理·赛姆斯在短短的 10 年期间就把保险公司营业额从 40 万美元发展到了 4000 万美元以上。正是由于他在投资活动中能借用他人奖金，所以他拥有对若干企业利润的控制权。

"商业？这是十分简单的事。它就是借用别人的资金！"小仲马在他的剧本《金钱问题》中这样说。

是的，商业是那样的简单：借用他人的资金来达到自己的目标。这是一条致富之路。

积极的心态，譬如诚实、正直、守信用和成功在事业中是交错在一起的，一个人具备了其中的第一种——诚实，就能在他前进的道路上获得其余三种。

威廉·立格逊是另一位有信用和诚实的人，他的书特别指出如何在不动产的领域中利用你的业余时间，借用他人资金赚钱。

他在《我如何利用我的业余时间，把 1 千美元变成了 300 万美元》一书中说：

"如果你给我指出一位百万富翁，我就可以给你指出一位大贷款者。"为了证实他的说法，他指出了一些富人，如亨利·恺撒，亨利·福特和瓦尔特·迪斯尼。

我们还愿意指出：查理·赛姆斯，康拉德·希尔顿，威廉·立格逊等，都是靠银行家的帮助，靠贷款致富的。

斯通曾经用卖方自己的钱买了价值 160 万美元的公司。

斯通曾介绍这笔买卖的经过：

那时是年底，我正在从事研究、思考和计划。我决定了下一年我的主要目标是建立一个保险公司，并使它能获准在几个州开展业务。我把完成此项计划的最后期限定在下一年的 *12 月 31* 日。

现在，我知道我需要什么了，达到这个目标的日期也定了。但是我不知道怎样去达到这个目标。这实在不是很重要的事，因为我知道我能找到这个途径。因此，我想我必须找一个公司，它要能满足我的两个需要：

（1）它有出售事故和人寿保险单的执照。

（2）它能允许我在各州开展业务。

当然，还有资金问题。但是，我想那个问题我会有办法解决的……

当我分析了我面临的问题时，我认为，首先应当让外界知道我需要什么，从而才会得到帮助。当我发现了我所想要购买的公司时，我当然要遵循他的建议，把双方的协商保密，直到我结束了这笔交易为止。

所以当我遇到工业界中能给我提供信息的人时，我就告诉他我在寻找什么。

超级保险公司的吉伯逊就是这样的人。我只是偶然地见过他一次。

我以饱满的热情迎来了新年，因为我有了一个巨大的目标，并且我已着手去达到这个目标。*1* 个月过去了，*2* 个月又过去了，*6* 个月过去了，*10* 个月快过去了，但我还没有物色到一个能满足我的基本要求的公司。

在 *10* 月的一个星期六，我坐在我的书桌旁，检查了今年我实现目标的时间表。除去一件、最重要的一件，一切都完成了。

我对自己说：只剩两个月了，有办法的。虽然我不知道是什么办法，但我知道我会找到这个办法。因为我绝不会想到我的目标不会实现，或者它不会在特别限定的时间内实现。我相信：天无绝人之路。

2天后，奇迹终于发生了。我正在书桌旁工作时，电话铃响了起来。我拿起听筒，一个声音说道："喂，斯通，我是吉伯逊。"我们的谈话很简短，但我不会忘掉它。吉伯逊十分急促地说道：

"我想我这里有一个你听了会很高兴的消息：马里兰州的巴的摩尔商业信托公司将要清偿宾夕法尼亚意外保险公司，由于它遭受了巨大损失。你当然知道，宾夕法尼亚意外保险公司归巴的摩尔商业信托公司所有。下周四信托公司将在巴的摩尔召开董事会。所有宾夕法尼亚意外保险公司的业务已经由商业信托公司所属的另外两家保险公司再保险。商业信托公司副总经理的名字是瓦尔海姆。"

我向吉伯逊道了谢，又问了两个问题，就挂了电话。我突然想到：如果我能制订一个计划，提供给商业信托公司，他们按此计划比按照他们自己所提出的计划可以更快、更有把握地实现他们的目标的话，那么，说服董事们接受这项计划是不会太困难的。

我不认识瓦尔海姆先生，因此为该不该打电话给他而犹豫不定，但是我觉得速度是非常重要的东西，是这样一句自我激励的警句迫使我行动起来：

"如果一件事做不成不会有什么损失，而做成了却会有巨大的收获，你就一定要努力去做。立即行动！"

我不再迟疑，立即拿起听筒，打长途电话给巴的摩尔的瓦尔海姆。"瓦尔海姆先生，"我开始说，声音带着微笑，"我有好消息要告诉你。"

我作了自我介绍，并解释道："我听说商业信托公司对'宾夕法尼亚意外保险公司'有可能采取措施。我想我可以帮助你们更快地达

104

到这个目的。"我当即约定第二天下午 2 点到巴的摩尔去见瓦尔海姆先生和他的助手。

第二天下午，我的律师阿林顿和我见到了瓦尔海姆先生和他的助手。

宾夕法尼亚意外保险公司满足了我的需要。它有一张执照，获准在 35 个州开展业务。它没有保险业务了，因为别的公司已经给它的业务做了再保险。商业信托公司把这个附属公司出售之后，就可以更快、更有把握地达到它的目标。此外，他们还收到我为这张执照所付的 25 万美元。

现在这个公司有 160 万美元的资产：包括可转让的股票和现金。我是怎样弄到这 160 万美元的呢？靠借用他人资金。事情的经过如下：

"这 160 万美元的资产怎样办呢？"瓦尔海姆先生问道。

我已经准备好了这个问题，我立刻答道："商业信托公司有贷款业务。我将向你们贷这 160 万美元。"

我们都笑起来了，接着我继续说："你会获得一切，而不会有任何损失。因为我所有的一切包括我现在正在买的价值 160 万美元的公司，都可支持这笔贷款。此外，你们有贷款这项业务。还有什么能比你们将卖给我的这个公司更好的抵押品呢？而且，你们还将收到这笔贷款的利息。对你们来说，重要的是：这种方式将更快、更有把握地帮助你们解决问题。"

瓦尔海姆先生又提出另一个重要问题："你打算怎样归还这笔贷款呢？"

我也准备好了这个问题。我的答复是："我将在 60 天内偿清全部贷款。你知道，我在宾夕法尼亚意外保险公司所获准的 35 个州的营业范围内开办事故和健康保险公司，并不需要超过 50 万美元的资金。当这个公司以后全部归我所有时，我所必须要做的第一件事情就是减少宾夕法尼亚意外保险公司的资本和余款，把 160 万美元减少到 50 万美元，于是我就能把余下的钱用来归还你的贷款。"

接着，另一个问题又向我提了出来：

"你如何偿还那 50 万美元的差额呢？"

我说："这应当是很容易的。宾夕法尼亚意外保险公司拥有大量资产，包括现金、政府公债和高级担保品。我能向那些一直与我有往来的银行借这 50 万美元，以我在宾夕法尼亚意外保险公司的利息作担保，并以我的其他资产作为保证归还贷款的额外担保品。"

当天下午 5 点钟，这笔交易就谈妥了。

虽然这个故事说明拥有积极心态的人通过借用他人资金能获得帮助，但是滥用贷款和不按期偿还贷款则是有害的，它们是造成忧虑、挫折、不幸和虚伪的主要根源之一。

6. 积极心态赢得更多财富

随着现代社会的不断发展，人们对生活水平的要求也不断提高。现实生活中，我们每个人都承认，金钱不是万能的，但没有金钱却又是万万不行的，我们每个人都需要拥有一定的财产：宽敞的房屋、时髦的家具、现代化的电器、流行的服装、小轿车等等，而这些都需要用钱去购买。人们的消费是永无止境的，当你拥有了自己朝思暮想的东西之后，你会渴望得到新的更好的东西。在现代社会中，金钱是交换的手段，金钱就是力量，但金钱可用于坏事，也可以用于干好事。

在美国，有这样一些人：

（1）亨利·福特

（2）威廉·里格莱

（3）约翰·洛克菲勒

（4）托马斯·阿尔瓦·爱迪生

（5）爱德华·菲伦

（6）朱利法斯·罗森瓦尔德

（7）爱德华·包克

（8）安德鲁·卡内基

他们都用积极的心态对待金钱，建立了一些基金会，直到今天，这些基金会还有总计10亿美元以上的基金，基金会拨出的金额专用于慈善、宗教和教育。这些基金会为上述事业捐助的金额每年超过了2亿美元。

金钱好吗？用积极的心态去消费的这些金钱，便是好的。

口袋里有钱，银行里有存款，会使你更轻松自在，你不必为别人怎么看你而过多忧虑，如果有人不喜欢你，没关系，你可以找到新的朋友。

你不必为几百块钱的开销而操心，你可以潇洒地逛商品市场，自由地出入大酒店。

常常感到拮据的人往往怕掌握他收入的人，有家的男人怕被解雇，当他为自己的某种嗜好花了好几块钱时，会有一种犯罪感。因为这笔钱对他的家人来说可以买到其他必不可少的东西，因缺钱而产生的压力阻止他自己想做好的事，他的欲望受到压抑，他被缚住了手脚。

如果你渴望自由，如果你渴望表现自我，就把它们作为赚钱的动力吧，这种动力也是强有力的刺激源。有人曾这样写道："让所有那些有学问的人说他们所能说的吧，是金钱造就了人"。

对所有的人来说，存钱是成功的基本条件之一。

养成储蓄的习惯，并不表示将会限制你的赚钱能力。正好相反——你在应用这项法则后，不仅将把你所赚的钱有系统地保存下来，也使你步上更大机会之途，并将增强你的观察力、自信心、想象力、进取心及领导才能，真正增加你的赚钱能力。

债务是位无情的主人。

光是贫穷本身就足以毁掉进取心，破坏自信心，毁掉希望，但如果再在贫穷之上加上债务，那么，成为这两位残酷无情监工的奴隶的人，注定失败无疑。

只要头上顶着沉重的债务，任何人都无法把事情办得完美，任何人都无法受到尊重，任何人都不能创造或实现生命中的任何明确的目标。

卡耐基有一位很亲密的朋友，他的收入是每个月 10000 美元。他的妻子喜爱"社交"，企图以 12000 美元的收入来充 2 万美元的面子，结果造成这位可怜的家伙经常背着大约 8000 美元的债务。他家里的每个孩子也从他们的母亲那里学会了"花钱的习惯"。这些孩子们现在已经到了考虑上大学的年龄，但由于这位父亲负债累累，他们想上大学已经是不可能的事了。结果造成父亲与孩子们发生争吵，使整个家庭陷于冲突与悲哀之中。

很多年轻人在结婚之初就负担了不必要的债务，而且，他们从来不曾想到要设法摆脱这笔负担。在婚姻的新奇味道开始消退之后，小夫妇们将开始感受到物质匮乏的压力，这种感觉不断扩大，经常导致夫妻彼此公开相互指摘，最后终于走上法庭离婚。

一个被债务缠身的人，一定没有时间，也没有心情去创造或实现理想，结果随着时间流逝，最后开始在自己的意识里对自己作了种种的限制，使自己被包围在恐惧与怀疑的高墙之中，永远逃不出去。

"想想看，你自己及家人是否欠了别人什么，然后下定决心不欠任何人的债。"这是一位成功的人士所提出的忠告，因为他早期有很多很好的机会，结果都被债务所断送了。这个人很快地觉醒过来，改掉乱买东西的坏习惯，最后终于摆脱了债务的控制。

大多数已经养成债务习惯的人，将不会如此幸运地及时清醒、及时挽救自己，因为债务就像泥浆，能够把它的受害者一步一步地拉进沼泽。

一个人要是负了债，而又想要克服对贫穷的恐惧，那他必须采取两项十分明确的步骤：第一，停止借钱购物的习惯；第二，立即逐步还清原有的债务。

在没有了债务的忧虑之后，你将可以改变你的意识习惯，把你的努力路线重新引向成功之路。养成把你的收入按固定比例存起来的习惯，即使只是每天存一毛钱也可以，同时，还要把它当作你明确主要目标中的一部分。很快的，这个习惯将控制住你的意识，你将获得储蓄的乐趣。

如果你决心获得经济上的独立地位，那么，在你克服了对贫穷的恐惧感，并在它的位置上发展出储蓄的习惯之后，要想积聚一大笔金钱，并非难事。

一个通情达理的人绝不会低估他所借到的一元钱或者他所得到的一位专家的忠告的价值。

银行的主要业务就是贷款。他们借给诚实人的钱愈多，他们赚的钱也愈多。商业银行发放贷款的目的是为了发展商业，为了奢侈的生活而贷款是不受鼓励的。

银行家是你的朋友，这一点是很重要的。他可以帮助你，因为他是那些渴望见到你成功的人中的一个。如果你的银行家很内行，那你就要倾听他的忠告。

借用"他人资金"的前提条件是：你的行动要合乎最高的道德标准：诚实、正直和守信用。你要把这些道德标准应用到你的各项事业中去。

不诚实的人是不能够得到信任的。

"借用他人资金"必须按期偿还全部借款和利息。

缺乏信用是个人、团体或国家逐渐失去成功诸多因素中的一个重要因素。因此，请你听从明智而成功的本杰明·富兰克林的忠告。

富兰克林在 1748 年写了一本书，名为《对青年商人的忠告》。这本书讨论到"借用他人资金"的问题：

"记住：金钱有生产和再生产的性质。金钱可以生产金钱，而它的产物又能生产更多的金钱。"

富兰克林又说，"记住：每年 6 镑，就每天来说，不过是一个微小的数额。就这个微小的数额来说，它每天都可以在不知不觉的遭遇中被浪费掉，一个有信用的人，可以自行担保，把它不断地积累到 100 镑，并真正当作 100 镑使用。"

富兰克林的这个忠告在今天具有同样的价值。你可以按照他的忠告，从几分钱开始，不断地积累到 500 元，甚至积累到几万元。这就是希尔顿做到了的事。他是一个讲信用的人。

希尔顿旅社公司过去靠数百万美元的信贷，在一些大机场附近为旅客建造了一些附有停车场的豪华旅社。这个公司的担保物主要是希尔顿经营诚实的名声。

诚实是一种美德，人们从来也未能找到令人满意的词来代替它。诚实比人的其他品质更能深刻地表达人的内心。诚实或不诚实，会自然而然地体现在一个人的言行甚至脸上，以致最漫不经心的观察者也能立即感觉到。不诚实的人，在他说话的每个语调中，在他面部的表情上，在他谈话的性质和倾向中，或者在他待人接物中，都可显露出他的弱点。

美国石油大亨保罗·盖蒂说过："我并不以拥有多少钱来衡量我的成功，我以我的工作和我的财富所造成的就业职位和生产物品来衡量。"

一个人要想真正的富有，不论他是否拥有一大笔财产，只要依照自己的价值而活着。如果这些价值对他个人没有什么意义，那么不管他赚了多少钱，都不能满足他生活没有价值的那种空洞。

有太多的人，他们一辈子活着就是要听命于别人，要做别人希望他们去做的那些事。他们强迫自己落入一种俗套，压抑了自己的特性而去模仿别人。

"我本来要做个作家，我父亲拒绝听我的，坚持要我上法律学校，成为一名律师。我现在生活富裕，但是我好无聊，而且静不下来……"

"我要卖掉我的事业，找个地方买片牧场，但是我太太不准，因为她担心我们会失去一笔收入以及声誉……"

"我最恨的就是住在郊外了。我希望在城里有座公寓，但是我公司里其他的同仁都住在郊外……"

多少年来，像这种话，我们听得越来越多了。它们是一种个人不满的表白，但是它们也反映出这个时代一种不断成长的社会疾病。

要出人头地和受人尊敬是一种基本的欲望。在某个大原则之下，而且在某些明显的范围内，那是一种有建设性的和有效的兴奋剂。这种上进的欲望，已经使得无数人对文化的进展，做出了重要的贡献。但是，不止一个人注意到，今天这种追求地位的理性和它所朝的方向，不但没有建设性，也不健康。

所谓地位是指同代人给予某个人对社会有不平凡贡献的奖励形式。它是一种必须努力才能得到的东西，一种成就的报酬，给予一个对大众有贡献者的奖励，跟成就的价值和重要性成正比。但是，这些年，大家几乎自动地把金钱上的成功，看成是社会地位。而且，社会地位的成功，被认为是最终的目标，对许多人来说，它已成为惟一的激励，惟一有价值的目标。

很多人都相信，拥有许多钱以及金钱可以购买的那些东西，单单这些就代表了成就，包含了成功，得到了地位。他们聚积了钱和一些物质上的东西，他们以为那就是才能、成就和成功的铁证。他们有个错误的理论，以为他们只要比他们周围的人赚得多、买得多，就能赢得社会和别人的尊敬，而他们以为这个理论就是真理。他们对建立什么都不感兴趣。除了他们银行的存款，他们不关心价值，只关心他们买一件东西要花多少钱。

对这种看法较有代表性的事例是，一名商人到伦敦来看盖蒂，他带来了一封介绍信，是盖蒂在纽约的一个朋友写的。客人花了两小时以上的时间吹嘘他最近几年赚了多少钱，并告诉盖蒂，他正要到法国去，要在那儿买一些绘画。

"我听说你是个出色的名画收藏家！"他说，"我想你可以帮我一个忙，给我一些可靠的画廊的名字和地址，我可以向他们买画。"

"你是对某个特别时代或特别学派的画感兴趣呢？还是要找某些特别的艺术家的作品？"盖蒂问。

"对我来说都没有区别。"那个人不耐烦地耸耸肩，"反正我一点都分不出来。我只是一定要买一些画，我至少要花上 10 万元。"

"你为什么不能少花一点？"盖蒂问，奇怪！居然有人立下他要花钱的最低数额，而不是最高数额。

"呵，你知道这种事的！"他严肃地解释，"我的合伙人几个月前来了这儿一趟，花了75000元买了一些画，我想，要使国内的人对我刮目相看，我至少要比他多花上25000元……"

我们很容易就能看得出这个人如何衡量价值。盖蒂敢打赌，不管这位客人一生中做过什么，他的动机总是跟他"买书纯粹是为了追求地位。"一样的浅薄和俗气。不幸的是，世上跟他一样的人还不少呢！

人类已经进步到超过以黑面包和煮白菜为满足的阶段时，我们必须有像样的生活水准及必需品，加上生活上的许多奢侈品。为了这些东西，我们必须赚钱。但是，这并不会改变这个事实，除了在金钱的天平上，还有许多衡量价值的方法。一本写得糟糕、毫不出色的当代小说也许要卖5块钱，然而一本伟大的文学名著，也许5毛钱就能买到一本普及版。当然，后者的真正价值要比前者大得多，虽然它们在价格上有很大的差异。同样，除了纯粹是金钱上的成功，还有许多其他类型的成功。衡量一个人社会地位的标准，不应该只看他的收入、拥有的金钱，或者他所有物的数量和金钱价值。

过去和现在，都有着无数人对文明做了无价的贡献，但是他们仅仅得到一点点甚至没有得到什么金钱的报酬。无数伟大的哲学家、科学家、艺术家和音乐家，一生中都是贫穷的。凡·高、贝多芬，还有其他同等地位的人，死的时候一文不名。世界上没有人能算出过世的贤哲对人类所贡献的价值。设计一座美丽漂亮大楼的建筑师，跟那些要住进去的人比起来，显然是穷人。建造一座堤防的工程师，他工作所得到的酬劳，可能比那些田地受到灌溉的地主的收入少得多。建筑师和工程师建造了他们的业绩，但他们的成就，并不因为他们没有从工作中赚到大钱而减低。

第二节　幸福观

1. 幸福观指的是什么

幸福观是人生观的一部分或一个方面，指人们对幸福的根本看法。幸福是指人们在创造物质生活和精神生活条件的实践中，由于目标和理想的实现而感到精神上的满足。幸福观是人们的世界观、人生观的反映。由于人们的生活价值目标不同，人们的幸福观也就不同。尤其是不同的阶级有不同的幸福观。

资产阶级的幸福观的基本特征是利己主义、享乐主义、个人主义，认为物质享受与个人私欲的满足是衡量幸福快乐的尺度。马克思主义幸福观认为，每个人都在谋求幸福，个人的幸福和大家的幸福是分不开的。

马克思主义幸福观最重要之点在于把幸福的创造和幸福的享受结合起来，并把创造幸福作为前提，然后才谈得上享受幸福。因为对于无产阶级和劳动人民来说，没有劳动就没有幸福可言。在社会主义条件下，只有社会劳动才是创造幸福的根本途径。只有为共产主义事业而奋斗，为绝大多数人谋利益，才是人生的最大幸福。

马克思主义幸福观有三个特点：

一是认为幸福观是整个历史发展的产物，各个阶级的幸福观是由不同的生产方式所决定的。

二是认为幸福的关键是人的志向、生活目的。真正的幸福在于铲除剥削制度，改变不合理的社会关系，创造崭新的合理的社会主义制度。

三是认为个人幸福和集体幸福紧密结合。强调集体幸福，但不否定个人幸福，把个人幸福融于集体、民族、阶级和人类的幸福之中。

集体主义是共产主义幸福观的核心。共产主义幸福观把全心全意为人民服务、为全人类解放而奋斗，看成是最大的幸福，坚持把追求个人幸福和实现共产主义理想统一起来。

价值观就是人们由心中发出对世界上存在的万物万事的认识以及所持有的对待万事万物的态度。

人们所处的自然环境和社会环境，包括人的社会地位和物质生活条件，决定着人们的价值观念。处于相同的自然环境和社会环境的人，会产生基本相同的价值观念，每个社会都有一些共同认可的普遍的价值标准，从而发现普遍一致的或大部分一致的行为定势，或是社会行为模式。

价值观念是后天形成的，是通过社会化培养起来的。家庭、学校、所处工作环境等群体对个人价值观念的形成都起着关键的作用，其他社会环境也有重要的影响。个人价值观有一个形成过程，是随着知识的增长和生活经验的积累而逐步确立起来的。个人的价值观一旦确立，便具有相对的稳定性，形成一定的价值取向和行为定势，是不易改变的。但就社会和群体而言，由于人员的更替和环境的变化，社会或群体的价值观念又是不断变化着的。传统价值观念会不断地受到新价值观的挑战，这种价值冲突的结果，总的趋势是前者逐步让位于后者。价值观念的变化是社会改革的前提，又是社会改革的必然结果。

2. 保持自己的本色

詹姆斯·高登·季尔基博士说："保持自我本色的问题像人类历史一样古老，而且是全人类的问题。"很多精神、神经质心理方面的问题，其隐藏的病因往往是他们不能保持自我本色，矫揉造作引起的。伊笛丝·阿尔雷德太太住在北卡罗来纳州的艾尔山，她的故事充分说明了这个道理。

我从小就特别敏感而腼腆，我的身体一直很胖，而我的脸使我看起来比实际上还胖得多。我有一个很保守的母亲，她认为只有愚蠢的女孩才通过漂亮的衣服展示自己。她总是对我说："宽衣好穿，窄衣易破。"我的衣服总是宽宽大大、长可及膝。我从不参加任何聚会，自己也没开过生日Party。上学后，我从不和其他的孩子一起做室外活动，甚至不上体育课。我非常地害羞，觉得我跟其他的人都"不一样"，完全不讨人喜欢。

长大之后，我嫁给了一个比我年长好几岁的男人，可是我并没有改变。我丈夫一家人都很好，也充满了自信。他们希望能改变我的性格，但我却办不到。他们为了使我开朗而做的每一件事情，都只是令我更退缩到我的壳里去。我变得紧张不安，躲开了所有的朋友，甚至恐惧到害怕门铃响的地步。我知道我是一个失败者，又怕我的丈夫会发现这一点。所以每次我们出现在公共场合的时候，我都假装很开心，结果常常做得太虚假而让人远远避开。事后我会为此而难过好几天。久而久之，不开心的事情越来越多，使我觉得再活下去也没有什么意思了，我开始想自杀。

那么，是什么改变了这个几乎要自杀的女人呢？

阿尔雷德太太说："后来，我的婆婆随口说出的一句话，改变了我的整个生活。有一天，我的婆婆正在谈她怎么教养她的几个孩子，她说：'不管事情怎么样，我总会要求他们保持自我本色。''保持自我本色'这句话在我的耳畔不断轰鸣。在这一刹那间，我突然发现了我苦恼的根源，那就是我一直试图让自己适合于一个并不适合我的模式。"

"一夜之间我开窍了。我开始保持自我本色。我试着研究我自己的个性，试着发掘我究竟是个怎样的人，我研究我的优点，研究色彩和服饰的关系，尽量按照我的身材和个性去采购衣服。我主动地去交朋友，我参加了一个社团组织，起先是一个很小的社团，他们让我参加活动。开始我很害怕，但我每一次发言，就增加了一点勇气。过了一段时间，我就感到非常的快乐，这是我没有想到的。在教养我自己的孩子时，我也以自己以前的痛苦生活为镜子，鼓励他们遵循自然，'保持自我本色'。"

安吉罗·帕屈在幼儿教育方面，曾写过13本书，和数以千计的文章，他说："没有人比那些想做其他人——除他自己以外的其他人，更痛苦的了。"

这种异想天开的想法，在好莱坞尤其流行。山姆·伍德是好莱坞最知名的导演之一。他说在他启发一些年轻的演员时，所碰到的最头痛的问题，就是要让他们保持自己的本色。他们都想做二流的拉娜·特勒斯，或者是三流的克拉克·盖搏。"观众已经尝过那种味道了，"山姆·伍德不停地告诫他们，"他们现在需要点新鲜的。"

山姆·伍德在导演《别了，希普斯先生》和《战地钟声》等名片前，好多年都在从事房地产，因此他培养了自己的一种销售员的个性。他认为，商界中的一些规则在电影界也完全适用。完全模仿别人只会一事无成。"经验告诉我，"山姆·伍德说，"尽量不用那些模仿他人的演员，这就是最保险的。"

求职的人常犯的最大错误是什么？罗·伯恩顿——一家石油的人事主任，曾经和六万多名求职者面谈过，还写过一本名为《谋职的六种方法》的书。他回答说："来求职的人所犯的最大错误就是不保持自己的本色。他们不以真面目示人，不能以诚待人，还给你一些莫名其妙的回答。"这种作法令用人单位很反感，因为没有人要伪君子，就像没有人愿意收假钞票一样。

有一位公共汽车驾驶员的女儿就是很辛苦才学到这个教训的。她想当歌星，但不幸的是她长得不好看——嘴巴太大，还长着暴牙。她第一次在新泽西的一家夜总会里公开演唱时，一直想用上唇遮住牙齿，她企图让自己看来显得高雅，结果却把自己弄得像个小丑。如果一直这样下去，她注定要被舞台遗弃。

幸好当晚在座的一位男士认为她很有歌唱的天分，他很直率地对她说："我看了你的表演，看得出来你想掩饰什么，你觉得你的牙齿很难看？"

那女孩听了觉得很难堪，不过那个人还是继续说下去："暴牙又怎么样？那又不犯罪！不要试图去掩饰什么，张开嘴就唱，你越不以为然，听众就会越爱你。或许，现在你引以为耻的暴牙，将来可能会带给你财富呢！"

凯丝·达莱接受了那人的建议，把暴牙的事抛诸脑后。从那以后，她只把注意力集中在观众身上。她开怀尽情地演唱，后来成为电影及电台中走红的顶尖歌星。现在，别的新人倒想来模仿她了。

著名的威廉·詹姆森在谈到那些从来没有发现自己能力的人时说："一般人只发展了10%的潜在能力，跟我们应该做到的来比较，我们等于只醒了一半，对我们身心两方面的能力，我们只使用了很小的一部分。再扩大一点来说，人往往都活在自己所设的限制中，我们拥有各式各样的资源，却常常习惯性地不懂得怎么去利用。"

我们每个人都有这样的能力，所以我们不要再浪费任何一秒钟，去处心积虑地想成为其他人。你在这个世界上是独一无二的，以前从没有过，从开天辟地一直到现在，从来没有任何人完全跟你一样，而将来直到永远永远，也不可能再有一个与你一模一样的人。

遗传学告诉我们，一个人某种能力的形成，取决于父亲的23条染色体和母亲的23条染色体所遗传的是什么。在每一个染色体里可能有几十个到几百个遗传因子。在某些情况下，每一个遗传因子都能改变一个人的一生。是的！人类生命的形成真是一种全人类敬畏的奥妙。

即使你父母相亲相爱，那么，孕育和你完全一模一样的人，也只有三十亿分之一的机会。也就是说，即使你有30亿万个兄弟姊妹，也可能都跟你完全不一样。这不是凭空杜撰而是有科学依据的。阿伦·舒因费有一本书叫《遗传与你》，详细介绍了遗传学方面的知识，你若有兴趣不妨借来一阅。

戴尔——一个成功的演说家，或许是最有资格讨论保持自己本色这个问题的，因为他有过代价相当大的痛苦经验。很早以前，当他由密苏里州的乡下到纽约去的时候，他进了美国戏剧学院，希望能做一个演员。他当时有一个自以为非常聪明的想法——一条到成功之路的捷径，他当时几乎按捺不住内心的激动，大声地问：为什么成千上万的淘金者没有发现这个秘密呢？

这个想法是这样的，他要去学当年那些有名的演员怎样演戏，学会他们的优点，然后把每一个人的长处学下来，使他自己成为一个集所有优点于一身的名演员。

多么愚蠢！多么荒谬！他居然浪费了很多的时间去模仿别人。最后直到功败垂成，他才终于明白，他一定得维持自己的本色，他不可能变成任何其他人。

经过那样惨痛的教训，他仍没有总结经验。后来他又头脑发热地想写一本书，并希望那是所有关于公开演说的书本中最好的一本。在写那本书的时候，他又有了和以前演戏时一样的笨想法。他打算把很多其他作者的观念，都"借"过来放在那本书里,那本书能够包罗万象。

于是，他去买了十几本著名演说家所写的书，花了很长的时间吸收他们的想法，变成他的文章。可是最后他再一次发现自己又做了一

119

件傻事，这种把别人的观念整个凑在一起而写成的东西非常做作，非常沉闷，没有一个人能够坚持读下去。所以他把一年的心血都丢进了废纸篓里，重新开始。

这一回他对自己说："你一定得维持你自己的本色，不论你的错误有多少，能力多么的有限，你也不可能变成别人。"

于是，他不再试着做其他所有人的综合体，而是卷起袖子，做了他最先就该做的那件事——他写了一本关于公开演讲的教科书，完全以他自己的经验、观察，以一个演说家和一个演说教师的身份来写。他终于达到了牛津大学英国文学教授华特·罗里的境界。他说："我没有办法写一本足以媲美莎士比亚的书，可是我可以写一本由我写成的书。"

大名鼎鼎的欧文·柏林曾对已故的乔治·格希文有一个"保持自己本色"的劝告，非常经典。柏林和格许文初次见面的时候，柏林已经大大有名，而格希文还是一个刚出道的年轻作曲家，一个礼拜只赚35美金。柏林很欣赏格希文的能力，就问格希文要不要做他的秘书，薪水大概是他当时收入的3倍。

"不要接受这个工作，"柏林忠告说，"如果你接受的话，你可能会变成一个二流的柏林，但如果你坚持继续保持你自己的本色，总有一天你会成为一个一流的格希文。"

格希文听从了这个劝告。后来他慢慢地成为美国最重要的作曲家之一。

像查理·卓别林这样的人，以及其他所有的人都曾经学到这个教训，而且多数人都是先付出了惨痛的代价。

卓别林开始拍片时，导演要他模仿当时的著名影星，结果他一事无成，直到他开始成为他自己，才渐渐成功。

鲍勃·霍伯也有类似的经历，他以前有许多年都在唱歌跳舞，直到他发挥了自己的才能才真正走红。

当玛丽·马克布莱德第一次上电台时，她试着模仿一位爱尔兰明星，但不成功。直到她以本来面目——一位由密苏里州来的乡村姑娘，才成为纽约市最红的播音明星。

吉瑞·奥特利一直想改掉自己的德克萨斯州口音，打扮得像个城市人。他还对外宣传自己是纽约人，结果只能招致别人在背后的讪笑。后来他开始重拾三弦琴，演唱乡村歌曲，才奠定他在演艺界最受欢迎的牛仔歌手的地位。

每个人在这个世界上都是独一无二的，而且应该为这一点而庆幸，应该尽量利用大自然所赋予你的一切进行创新。从古至今，所有的艺术都带着创作者自己的特色。你只能唱你自己的歌，你只能画你自己的画，你只能做一个由你的经验、你的环境和你的家庭所造就的你。不论好坏，你都应该创造一个属于自己的小花园；不论好坏，你都得在生命的交响乐中，演奏属于你自己的小乐器。

爱默生在《自我信赖》中说得好："在每一个人的教育过程之中，他一定会在某个时期发现，羡慕就是无知，模仿就是自杀。不论好坏，他必须保持自己的本色。虽然在广大的宇宙之间充满了好的东西，可是除非他耕作那一块给他耕作的土地，否则他绝得不到好的收成。他所有的能力是自然界的一种新能力，除了他之外，没有人知道他能做出些什么，他能知道些什么，这些都必须是他应该探索求取的。"

已故诗人道格拉斯·马洛奇用另一种方式进行了论述：

> 如果你不能成为山巅上一棵挺拔的松树，
>
> 那就做山谷中的一株灌木吧！
>
> 但须是溪边最好的灌木。

如果你不能成为一棵参天大树，

那就做一片灌木丛林中的一簇吧！

如果你不能成为一丛灌木，

何妨做一棵小草，

让公路上也有几分欢娱！

如果你不能成为一只麝香鹿，

就做一条小鱼也不错，

但须做湖里最好的一条鱼！

我们不能都做船长，

总得有人当海员。

不过每个人都应各司其职，

不论是大事还是小事，

我们总得完成分内的工作！

如果你不能做一条公路，就做一条羊肠小径；

如果你不能做太阳，就做一颗星星。

不能凭大小来断定你的输赢，

只在于你是否已竭尽所能？

3. 把握快乐的要诀

统治罗马的皇帝马卡斯·奥理欧斯不但是位杰出的领导者，而且是一位伟大的哲学家，他用一句话进行了总结："思想决定一生。"这是一句能够决定命运的精辟见解。

这很容易理解，人的思想是非常重要的。只要知道你在想些什么，就知道你是怎样的一个人，因为每个人的特性，都是由思想支配的。每个人的命运，完全取决于他的心理状态。爱默生说："人是思想的产物……他不可能是别的样子。"

我们所必须面对的最大问题，事实上可以算是我们必须应付的唯一问题——选择正确的思想。如果我们能做到这一点，所有的问题就会迎刃而解。

假若我们想的都是快乐的念头，我们就能快乐；假若我们想的都是悲伤的事情，我们就会悲伤；假若我们想到一些可怕的情况，我们就会害怕；假若我们想的是恐惧的念头，我们恐怕就会恐惧了；假若我们想的是失败，我们就会失败；如果我们沉浸在自怜里，大家都会有意躲开我们。诺曼·文生·皮尔说："你并不是你所认为的那样，但你却是你所想的。"

但这里并不包括这层意思，对于所有的困难，都必须采取乐观的态度。

不是的，人生还不至于如此单纯，不过我却鼓励大家要有一个正确的态度，而不应有阴暗的心理。换句话说，我们必须关注我们的问题，但是不能忧虑。

关注和忧虑之间的分别是什么呢？用例子能更清楚地说明这一点。当你通过交通拥挤的纽约市街时，你可能会全神贯注，可是并不会忧虑。关注的意思就是要了解问题在哪里，然后很镇定地采取各种步骤去加以解决，而忧虑却是在封闭的圈子里转悠。

一个人可能正面临很严峻的问题，但此时并不妨碍他昂首阔步，

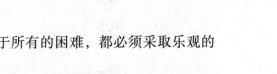

正常度日。罗威尔·托马斯就是这样做的。当罗威尔·托马斯拍摄一部由他主演的关于艾伦比和劳伦斯在第一次世界大战中出征的著名影片时，他和几名助手在好几处战事前线拍摄了战争的镜头，最精彩的是他们用影片记录了劳伦斯和他那支多彩多姿的阿拉伯军队，也记录了艾伦比征服圣地的经过。他那个穿插在电影中著名的演讲——"巴勒斯坦的艾伦比与阿拉伯的劳伦斯"，在伦敦和全世界都大为轰动。伦敦的歌剧节因此延后了 6 个礼拜，让他在卡文花园皇家歌剧院继续讲这些冒险故事，并放映他的影片。他在伦敦获得盛大成功之后，又旅游了几个周边国家。然后他花了两年的时间，拍摄一部在印度和阿富汗生活的记录影片。在此期间，他碰到了一连串的霉运，而且，可怕的事情发生了：他发现自己破产了。

那时，他不得不去吃很便宜的食物。最后，一位苏格兰人，也是一位知名的作家——詹姆士·麦克贝，借给托马斯一点钱，才使他勉强度过了难关。

当罗威尔·托马斯面临庞大的债务以及极度失望的时候，他很伤心，可是并不忧虑。他知道，如果他被霉运弄得垂头丧气的话，他在人们眼里就会不值一钱了，尤其是他的债权人。所以他每天早上出去办事之前，都要买一朵花，插在衣襟上，然后昂首走上牛津街。正因为他有这种积极进取的思想，不让挫折把他击倒，最后才能反败为胜。对他来说，挫折是人生的一部分，是你要爬到高峰所必须经过的有益磨炼。

每个人的精神状态，对他的身体和力量都有着令人难以置信的影响。著名的英国心理学家哈德菲尔德，在他的《力量心理学》里，对这件事进行了阐述。尽管那本书只有 54 页，但却非常了不起。

"我请来 3 个人，"他写道，"以便实验生理受心理的影响。我们以握力计来度量。我要他们在三种不同的情况下，尽全力抓紧握力计。"

在一般的清醒状态下，他们平均的握力是 107 磅。

第二次实验则对他们催眠，并告诉他们，他们非常的虚弱。实验的结果，他们的握力下降到 29 磅——还不到他们正常力量的 1/3。

第三次的实验，哈德菲尔德把他们催眠之后，告诉他们说他们非常强壮，结果他们的握力平均达到 142 磅。

这就是精神的力量！当他们在思想上认定自己有力量之后，他们的力量几乎增加了 50%。

还有一件发生在美国内战期间最奇特的故事，更能说明思想的魔力。这个故事足够写成一本大书，在这里只简述一下。

十月的一个夜晚，内战刚结束不久，一个无家可归的女人在街上茫然地游荡。她晃到一位退休船长的太太——韦伯斯特太太的家门口，敲门。

门开了，韦伯斯特太太看到这个可怜的瘦小女人——体重不会超过 100 磅，一身皮包骨头。陌生女人解释说，她正在找个落脚处歇下来，思考并解决日夜困扰她的问题。

韦伯斯特太太说道："那就在这里留一宿吧！这座大房子里只有我一个人。"

后来，韦伯斯特太太的女婿刚好从纽约来此地度假，发现了这个女人住在家里，当即咆哮说："我可不要一个无赖住在家里！"他把这个无家可归的女人赶出门去。她在雨里呆站了几分钟，只好在街上找个遮蔽处。

这个故事的惊人之处是，被韦伯斯特太太的女婿比尔·艾利斯赶出去的"无赖"，后来竟成为世界上极具思想影响力的一位女性——玛丽·贝克·艾迪，成为基督科学教派的创始人，拥有几百万信徒。

那时的玛丽·贝克·艾迪的生命中只有不幸、疾病和愁苦。她的第一任丈夫，在他们婚后不久就去世了。她的第二任丈夫抛弃了她，和一个已婚妇人私奔，后来死在一个贫民收容所里。她只有一个儿子，却由于贫病交加，不得不在他4岁那年把他送给了别人，以致于以后她失去了与她儿子的一切联系，31年来从未再见到他。

她由于健康情形不好，所以一直对所谓的"信心治疗法"极感兴趣。可是她生命中戏剧化的转折点，却发生在麻省的理安市。一个很冷的日子，她在城里走着的时候，突然滑倒了，摔倒在结冰的路面上，而且昏了过去。被送到医院后，她就再也没有站起来。她的脊椎受到了伤害，引起全身痉挛，医生也认为她活不久了。医生还说，即使奇迹出现而使她活命的话，她也绝对无法再行走了。

被医生判了死刑的玛丽躺在床上，打开了《圣经》，她认为是受到圣灵的指引。她后来说，她读到书里的句子："有人用担架抬着一个瘫子来到耶稣面前，耶稣对瘫子说，孩子，放心吧，你的罪赦免了。起来，拿着你的褥子回家去吧。那人就站起来，回家去了。"

她后来说，耶稣的这几句话使她产生了一种力量，一种信仰，一种能够医治她的力量，使她"立刻下了床，开始行走"。

玛丽说："那次的经历，就像引发牛顿灵感的那个苹果一样，在读了那几句话后，我身上的血液瞬间贯通，双腿充满了力量，我下床即能行走……我可以很有信心地说：'一切的原因就在于你的思想，而一切的影响力都是心理现象。'"

可能有人会在心里说："这个家伙是在替基督教信心治疗法传道。"不是的，你错了！我并不是这个教派的信徒。只是我活得愈久，愈深信思想的力量。这是我从事成人教育35年的经验之谈。

男人和女人都能够消除忧虑、恐惧和很多种疾病，只要改变自己的想法，就能改变自己的生活。请大家相信，我亲眼见过好几百次这一类的转变，因为我看得太多了，所以我深信不疑，继而再向你推荐。

其实，我们内心的平静，和我们由生活所得到的快乐，并不在于我们在哪里，我们有什么，或者我们是什么人，而只是在于我们的心境如何。心境与外在的条件关系并不相同。

举个例子来说，因为思想的力量而改变的奇妙事件，就发生在约翰身上。他精神崩溃过，原因是因为忧虑。以下是约翰亲口所述的故事：

我担心每一件事，我担心自己太瘦，担心自己掉头发，担心永远没钱成家，我想我当不了一位好父亲，我怕失去我想娶的女孩，我担心过得不够好，我担心别人对我的印象。我忧虑，因为怕自己得了胃溃疡，不能再工作，不得不辞职。

我在内心不断对自己施加压力，像个没有安全阀的压力锅。压力大到无法承受时，只有爆发了。如果你精神崩溃过，一定能体会到那种感觉。希望你永远没有过。没有任何生理上的病痛可以与心理痛苦相提并论。

我的情况极为严重，甚至没办法与家人谈话。我无法控制自己的思绪。我内心充满恐惧，一点点小声音都会令我惊跳起来。我逃避所有的人。无缘无故的，我就可以号啕痛哭一场。每一天都是煎熬，我觉得所有的人都遗弃我——甚至包括上帝。我很想投河了此余生。

后来我决定到佛罗里达州去，也许换个环境会对我有所帮助。当我上了火车，我父亲交给我一封信，告诉我到了那里才能打开来看。我到达佛罗里达州时正是观光旺季。由于订不到旅馆的房间，我就租了个车房，我到迈阿密去找工作，不过没找到。

于是我就成天在海滩上消磨时间，心情比在家里的时候还糟。我打开信封看看爸爸说些什么。纸条上写着："孩子，你已离家 1 500 英里，不过并没有什么改变，对吗？我知道，因为你把你的烦恼带去了，那烦恼就是你自己。你的身心都健全，打败你的不是你所遭遇的各种状况，而是你对这些状况的想法。一个人的想法决定他是个什么样的人。当你想通了这一点，就回家来吧！因为你必已痊愈！"

我父亲的这封信把我搞火了，我希望得到的是同情，不是任何指示。我气得当下就决定绝不再回家。当晚我在迈阿密街头晃荡时，经过一座教堂，里面正在作弥撒。反正无处可去，我就进去了，正好听到有人念道："战胜自己的心灵比攻占一个城市还要伟大。"

我坐在天主的圣殿里，听着跟我父亲信上所写的同样的道理——这些力量终于扫除了我心中的一些困扰。这一生我第一次神清气明。我发现自己愚不可及。认清了自己，使我吃了一惊。原来我一直想改变整个世界及其中的每一个人，其实唯一需要改变的只是我的想法罢了。

第二天一早，我就收拾行李，打道回府了。一周后，我回到了工作岗位。4个月后，我娶了那位我一直担心失去的女孩，现在我们已经有5个孩子了。在物质与精神方面，我都受到眷顾。精神状态不佳的那段时间，我担任晚班工头，带领只有18个人的小部门。现在，我在卡通公司任主管，辖有四百多名员工。人生越来越富足。我知道自己掌握了人生的真谛。即使有时会有一些不安的情绪（像每个人一样），我会告诉自己又该调适自己了，于是又能平安无事。

我得承认自己很庆幸有过崩溃的经历，因为那次的痛苦使我发现思想的力量比身体的力量巨大得多。现在我有办法运用思想的力量，而不是受它所害。我现在知道我父亲是正确的，因为他说过使我受苦的并非情况本身，而是我对情况的想法。一旦我真正体会到这一点，我就治愈了，而且永不再犯。

我们由人生体会到的心灵的平安与喜乐，不是因为我们身处何处，或在做什么，或我们是谁，完全只是由我们的心理态度所决定的。外在的环境影响内在非常有限。

让我们以老约翰·布朗为例。他强占了美国一个军工厂，并企图鼓动奴隶叛乱，而被判绞刑。他坐在自己的棺木上被送往刑场。在他旁边的警长很紧张，布朗却极为平静，看着弗吉尼亚州崇山峻岭衬着蓝天。他说："多么壮丽的国家，但我从来没有真正看清楚过。"

或者以史考特为例，他是第一位抵达南极的英国人，他们的回程几乎是人类所经历的最严酷的考验。他们途中断了粮，又缺少燃料。他们寸步难行，因为吹过极地的狂风已肆虐了好几个昼夜——这风威力强大到可以切断南极冰崖。史考特一队人知道自己活不下去，他们原先准备了一些鸦片以应付这种情势。因为一剂鸦片可以叫大家躺下，进入梦乡，不再苏醒。可是他们没有这么做，反而是在欢唱中去世。我们之所以知道，是因为 8 个月后，一个搜索队找到了他们，并从冰冻的遗体上发现了一封告别书，而告别书上是这么写的：

"如果我们拥有勇气和平静的思想，我们就能坐在自己的棺木上犹能欣赏风景，在饥寒交迫时犹能欢唱。"

300 年前，失明的弥尔顿也发现了同样的真理：

"思想的运用，和思想的本身，就能把地狱造成天堂，把天堂变成地狱。"

拿破仑与海伦·凯勒都是弥尔顿的最佳诠释者。拿破仑拥有一般人所追求的一切——荣耀、权力、财富，可是他却说："在我的生命中，找不到一天快乐的日子。"而海伦·凯勒——又瞎、又聋、又哑，却表示："我发现生命是这样的美好。"

记住："除了你自己，没有别的什么人可以带给你平静。"

永远不要忘记爱默生在他那篇叫做《自我信赖》的散文里所说的那句结语："不要认为一次政治上的胜利，收入的增加，病体的康复，或是久别好友的归来，或是什么其他纯粹外在的事物，能提高你的兴致，让你觉得你眼前有很多的好日子，事情绝不会是这样的。能给你带来平静的，只能是你自己。"

伟大的斯多噶派哲学家爱比克泰德曾警告说："我们应该极力消除思想中的错误想法，这比割除'身体上的肿瘤和脓疮'重要得多。"

奇妙的是，爱比克泰德在 19 个世纪之前说的话，却得到了现代医学的首肯。坎贝·罗宾森医生说，约翰霍普金斯医院所收容的病人里，有五分之四都是由于情绪紧张和压力所引起的，甚至一些生理器官的病例也是如此。他解释说，产生这种病症的原因，归根究底，都是生活及其矛盾的难以协调。

法国伟大的哲学家蒙田的座右铭是："一个人因发生的事情所受到的伤害，比不上因他对发生事情所拥有的意见来得深。"而我们对所发生的一切事物的意见，完全是看我们自己怎样决定。

当一个人情绪困扰，神经紧绷，他可以改变自己的心理态度吗？正是如此！还不只如此，我还可以告诉你怎么做，也许要费一点事，但没有什么秘诀。

威廉·詹姆森是实用心理学的顶尖大师，他曾有过这样的心得："行动似乎跟着感觉走，其实行动与感觉是并行的，多以意志控制行动，也能间接控制感觉。"

也就是说，我们虽然不能一下决心，就能立即改变情绪，但是我们确实可以做到改变行动。当我们改变行动时，就能自动改变感觉。

他的解释是："如果你不开心，那么，能变得开心的惟一的办法就是开心地坐直身体，并装作很开心的样子说话及行动。"

这简单的小魔法真有效吗？你自己去试试看吧！先在你的脸上堆起一个大大的真正的微笑，放松肩膀，深吸一口气，再好好地唱首歌。如果不会唱，就吹口哨，不会吹口哨的，就哼唱。很快的，你就明白威廉·詹姆森的意思——如果你的行为散发的是快乐，就不可能在心理上保持忧郁。

这点小小的基本真理可以为任何人的人生带来奇迹。

加利福尼亚州的一位女士，如果她知道这个秘密，24小时内就能清除她心中的阴霾。她老了，是位寡妇，这实在很悲哀。可是她是否作出快乐的样子呢？当然没有，如果你问她好，她会说："嗯，我还好啊！"但她脸上的表情及声音表示："噢！老天哪！你看我这人多么倒霉啊！"她几乎是在责备你在她面前太快乐了。

其实，比她不幸的妇女还多得很。她丈夫遗留给她的保险金够她过一辈子，她已成家的子女也给了她一个家。但是很少看到她笑，她抱怨她的3位女婿小气自私——虽然她每次都在他们家住上好几个月。她又埋怨她女儿从来不送她礼物——虽然她自己把钱守得死紧。"为了我自己要养老！"她实在是在自虐。

非如此不可吗？最遗憾的正是这一点——她完全可以把自己从不幸、痛苦的老妇人转变为家中受尊敬爱戴的慈祥家长，只要她愿意改变。所有这些改变只要从一个行动开始，就是做出开心的样子，做出可以付出一点爱心的样子，而不是将自己桎梏在痛苦的深渊中。

恩格勒特先生因为发现了这个秘密而能活到今天。恩格勒物先生得了猩红热，康复后，却发现自己又得了肾炎。他遍访很多医生，偏方也都试过了，却医不好。不久，他又得了一种并发症，血压已上升。他去看医生，医生告诉他，他的血压上升到214。当时形势很危急，他回家安排后事。

我回了家，查了我的保险都还有效，然后向上帝忏悔我以前所犯的各种错误，坐下来很难过地默默沉思。我把每个人都弄得不痛快。我太太及全家一片愁云惨雾，我自己也不能自拔。过了一个星期自怨自艾的日子，我对自己说："你简直像个傻瓜！你可能一年内都死不了，为什么不让眼前的日子好过点？"

我放松肩膀，挂上微笑，做出一切正常的模样。我得承认开始都是装出来的，不过我一直强迫自己开心。结果不但对我家人有益，更帮助了我自己。

首先我发现，我开始觉得好些了，简直像我假装的一样好，情况越来越好，直到今天——过了我的死期很长的时间了。我不但开心、健康、活着，连血压也下降了！我能确定的一件事是：如果我一直让"快死了"的想法萦绕心中，医生的预测一定不会错的。相反的，我让我的身体有机会自愈，完全是因为我的态度改变了。"

至此，这里有问题：如果只要过得开心积极，就能救回这个人的生命，我们何必还要为一点芝麻小事去烦躁呢？如果只要过得开心就能创造快乐，又何必让自己及周围的人难过呢？

詹姆斯·艾伦所著《思想的力量》一书，对每个人的人生都有着深远的影响。以下是其中的两段：

"我们发现，当你改变对事物和其他的看法时，事物和其他的人对你来说就会发生改变……要是我们的思想向往光明，你就会很吃惊地发现，你的生活受到很大的影响。人不能吸引别人所要的，却可能吸引别人所有的……变化气质的神性就存在于我们自己的心思，也主要是我们自己……我们最终得到的，正是我们思想的直接结果……有了奋发向上的思想之后，一个人才能兴起、征服，而能有所成就。如果你的思想颓废，不思进取，你就只能一辈子生活在衰弱和愁苦的深渊里。

创世纪中，上帝给人类的最大礼物，就是让人类统治整个世界。可惜我对这份特权没有一点兴趣。我所希望得到的，是能控制我自己的能力——能控制我的思想，能控制我的恐惧，能控制我的内心和精神。在这方面取得相当惊人的成绩。不论在什么时候，我总是想：只须控制我自己的行为，就能控制我的反应"。

正如威廉·詹姆森的一句话："……通常，只要把受苦者内心的感觉，由恐惧改成奋斗，就能把我们身上的所谓的邪恶，改变为对你有帮助的优点。"

让我们为我们的快乐而奋斗吧！

有一个能使你产生快乐的富有建设性的计划，名字叫做《只为今天》。这是已故的西贝儿·派屈吉所写的。如果我们能够照着做，就能消除大部分的忧虑，而大量地增加"生活上的快乐"。

只为今天

只为今天，我要很快乐。如果林肯所说的"只要下定决心，我们都能很快乐"这句话是对的，那么快乐是来自内心，而不是由外在环境决定的。

只为今天，我要自然地适应一切，而不是为了自己的欲望而去调整世界。试着调整一切，我要以这种态度接受我的家庭、我的事业和我的命运。

只为今天，我要爱护我的身体。我要加强锻炼，珍惜照顾，不损伤它、不忽视它，使它能成为我争取成功的好基础。

只为今天，我要丰富我的思想。我要学一些有用的东西，我决不再做一个胡思乱想的人。我要读一些有品味、层次高、耐人寻味的书。

只为今天，我要用三件事来考验我的灵魂：我要为别人做一件好事，但不要让人家知道，我还要做两件我并不想做的事，而这样做的目的就像威廉·詹姆森所说的那样，只为了锻炼。

只为今天，我要做个讨人欢喜的人，外表要庄重大方，衣着要美观得体，说话低声，行动优雅，不在乎别人的毁誉。对任何事都不挑毛病，也不干涉或教训别人。

只为今天，我要试着只考虑怎么度过今天，而不把我一生的问题都在一次解决。因为，我虽能连续一整天做一件事，但若要我一辈子都这样做下去的话，可能会使我丧失兴趣。

只为今天，我要订下一个计划。我要写下每个钟点该做些什么事，也许我不会完全照着做，但还要订下这个计划。这样至少可以免除过分仓促和犹豫不决的缺点。

只为今天，我要每天为自己留下安静的半个钟点，轻松一番。在这半个钟点里，我要想到上帝会使我的生命中更加充满希望。

只为今天，我要无所畏惧。尤其是，我不怕更快乐，我欣赏并享受人生的美好；我不怕失去爱人，相信我爱的人亦爱我。

4. 拥有自己的信仰

美国是个充满机会的国度。换句话说，只要能力与精力许可，人人都能达到自己所追求的目标。

雷纳·川伽住在密苏里州独立市的雷德街。1928年，川伽先生继承了一笔价值10万美元的遗产。但到了1938年，他却宣告破产。请听他是怎样说的：

我的父亲是个成功的商人，他为人十分慷慨，对我用钱也从不加以限制。在我高中的时候，只要我需要钱，他随时都允许我用银行账号开票。到了上大学的时候，我更是精于此道了。我完全不知赚钱的艰难，更不知道要用什么方法去赚取，我只知道如何去使用那轻易就到手的纸币。

我这样挥霍浪费的生活一直继续到父亲过世。父亲去世的时候，留给我一块相当大而且十分值钱的土地，位置就在密苏里河下游靠近莱新顿一带。我开始以农庄主自居，但不多久，大萧条横扫全国各地，我第一年的财务便呈严重赤字。我抵押了一片土地去偿还债务和填补银行存款。但不景气继续维持下去，使我不得不把那片抵押的土地以极低的价格卖出。由于我的花费很大，在不得已便又以同样的方法陆续把田地抵押出去，并最终贱卖。

卖土地的钱花完后，我开始恐慌。我知道我已一无所有，要继续活下去，必须要出去找一份工作——那是我以前从未做过的事。我非常害怕，夜晚都不能入睡。我唯一的技能是开支票，但开支票能够赚钱吗？我茫然不知所措。

有一天夜里，当我从梦中再度醒来时，我终于明白自己必须面对事实。我对自己说，滑雪橇的童年日子已经过去，现在你已长大成人，当然行事也要像大人。你应该出去工作！

端正了自己的思想，我又开始考虑自己究竟信仰什么，究竟能够做点什么。以前，我一直人云亦云地认为美国是个充满机会的国度，只要努力，便能达到追求的目标。

如今，虽然正值萧条时刻，工作机会不多，但我并不是一无是处：我身体健康，受过大学教育，有一定的商业知识，更主要的是，我又有从失败和错误中所得到的经验和体会。现在，我需要的是采取行动，而不是浪费时间去感叹自己的不幸遭遇。

经过反思，我对自己有了充分的了解，我深知对我来说，找份工作并不容易。但是，我不能让自己颓丧下去，我必须强迫自己用信心来取代恐惧和疑惑。我相信这个国家是个充满机会的地方，只要有决心，人人都可争得一席之地。凭着这份信念，我踏上了人生的征程。

这份信念终于得到证实。我在堪萨斯一家财务公司找到了工作，并在那里愉快地工作了 4 年。后来，我辞去职务，再度回到故乡。这一次，事情进行得顺利多了。慢慢地，我建立起自己的信用，并逐渐扩大事业的范围。我买进卖出，生意进行得得心应手，不久便获得不少利润。感谢多年来失败给我的教训，我终于走上了成功之路。

我用自己赚的钱，再度把我的产业买了回来。我的努力没有白费，但更重要的是把这些宝贵经验都传给了我的两个儿子。这比我的父亲仅仅只给财富的做法要有意义多了。

从这里我们可以明白，我们必须要有自己的信仰，但是，仅有信仰而不采取行动，一切仍然无用。只有信心而没有作为，是无济于事的。

川伽先生的故事是迈向成熟的最佳例证——他从一个被娇宠、不知责任为何物的男孩，在一夜之间认清了自己的责任，并立即采取行动挽回自己的过失。在此之前，川伽先生像孩童一样逃避现实，但是，他对美国的信心，使他能像成人一样再度面对现实。

约翰·席勒写过一本叫《如何度过一年 365 天》的书，他在书中写道："成熟必须靠学习得来。"而且，必须经过痛彻心扉的苦难才能学到。这也正是李莉安·赫德里所学得的教训。

赫德里太太住在加拿大的沙卡契文市，是个快乐、平凡的家庭主妇。她的生活一直平安无事，直到有一天发生一场可怕的车祸，使她毫无防备地掉入一个灾难里。

据初步诊断，医生认为赫德里太太的脊椎骨断裂，但经 X 光照射，发现她的脊椎骨并没有碎开，可骨骼表面仍因擦伤而长出刺状物。医生吩咐她卧床静养 3 个星期，并且还带来另一个坏消息，医生告诉她，由于她的脊椎骨有严重的僵硬现象，也许在五六年之后会全身瘫痪。赫德里太太描述当时的心情时说道：

"听到这个消息，我简直不敢相信自己的耳朵。我一向活泼好动，又从没遇到过不顺利的事。但现在，不幸终于发生了。卧床静养的时间由3个星期延长到4个星期，然后是5个星期、6个星期……我的勇气和乐观此时已消失无踪，取而代之的是无尽的恐惧……我只觉得我的一生是不会再有希望了。

但是有一天，我从梦中醒来，发觉自己的思绪如水晶般清澈透明。我告诉自己，5年的岁月不算短，我可以做许多事情来帮助家人。只要我继续用药物治疗，并且有信心，有决心战胜病魔，说不定还能改善自己的状况。我不想毫无斗争便宣告投降，我一定要尽可能勇往直前。由于我树立了自信心，并且想有所作为，这恐惧和无力感立刻消失不见。我挣扎着起床，想要立刻开始新生活。

我找了两个字当成座右铭，时刻不停地提醒自己：向前，向前，向前！

时间已经过去了5年半，现在我再度身体检查，医生认为我脊椎骨的情况生长良好，看起来可以继续维持另一个5年。医生要我保持愉快的心境，对生命充满信心，并且继续向前行。这正是我的信念。只要我身上的肌肉还能活动，我一定不会放弃。"

赫德里太太的故事，证明了信念的力量，她的成熟是信念支撑起来的，并且根据这个信念采取行动。

当然，要想变得成熟，仅有信仰是不够的。信仰的好处是能增强勇气，使我们在接受考验的时候，不至于临阵退缩。我们只有以信仰做基础，然后付诸行动，才能达到我们理想的目的。

有位会计师，他在应聘一家公司的职位时，曾受到品格的考验。

由于这个职务须处理极大的款项，公司便派了一名心理学家来与他面谈，借此详细观察他的品格与诚实度。那名心理学家问了他一个问题："假如你有机会可溜进一家戏院看电影，不用付钱，你会这么做吗？"心理学家知道，假如一个人不能在小事上表现诚实，则在有机会获取大利益的时候，他的举动就更加令人惊讶。

每个人的思想都会借他的行动表现出来。耶稣曾说过："凭他们所结的果子，就可以认出他们来。"是的，行动是检验思想的试金石。如果没有行动，其哲学理论叫得震天动地，对我们也没有丝毫益处。我们所结的果子将是苦的，我们的生命也是假冒伪善的。

只要有了坚定的信念，就应当付诸行动。

夏威夷有一名叫保罗·玛哈的建筑承造商，面对任何艰难困苦都不轻言放弃。因此事业做得十分成功。

1931 年，玛哈先生在建筑和工业界四处打听，想要找一份工作。当时因为他年轻没有经验，因此处处碰壁，好久都没有一个企业录用他。当时各行各业都很不景气，没有公司需要增聘工程或制图人员，就是经验丰富的老手也是朝夕不保。

"我感到非常失望。"玛哈先生很坦诚地说，"但后来我决定，假如没有人愿意雇我，我就自己来做。我从亲友那里借了 500 美元，然后成立了一家小小的建筑承造公司。

"就这样起步，当然有很多困难，想要盖房子的人，谁会愿意找一名没有经验又没有名气的人来做呢？但无论如何，我鼓起勇气，下定决心要干到底。就凭这么一种信念和坚持，我终于找到了几份小生意做。"

"我的第一单生意是承造一栋 2600 美元的房子。由于缺乏经验，估价不准，结果赔了 200 美元。但是，有了这次失败的经验，接下去的几桩生意便弥补过来了。由于我坚定信心，不言放弃，终于度过了一生中最大的难关。"

是的，人不会因为没有信心而跌倒，但是若不能把信念化成行动，并且不顾一切地坚持到底，理想就无法实现。

5. 要保持心平气和

获得快乐的心理的方法是什么呢？最直接且最有效的办法是矫正个人的想法，努力培养心平气和的心态。

任何人无论在待人处事方面或个人的生活感受方面，都与本身的想法息息相关。

让心灵留下一片空白

要想获得充满平和的心，有一项最重要的方法，那就是让心灵留下一片空白。

通常，每个人都尽量使自己的心灵呈现一片空白，一天至少两次。而所谓心灵的空白，主要是指将忧虑、憎恶、不安、罪恶的情绪彻底消除掉，做到神清气平。

事实上，刻意的使心灵空白的确能有效地为人们带来心安的感受。当人们将压抑在心头的烦恼吐露一空，或暂抛脑后时，往往能体验到解脱的快感。能够把心中的烦闷向知心朋友倾吐的人，通常即是能够把握快乐的人。

卡耐基在一次前往檀香山的旅程中，曾在拉赖因号轮船上举办过一场个人演讲会。演讲最后，他这样建议道："内心有烦恼的人，不妨走到船尾去，把烦恼的事一一说出来，然后把它们抛掷到茫茫的大海中，不再管它飘向何方，不再想它。"

这个建议乍听起来或许仿若稚语，但是当晚却有一个人跑来对他说："我按照你的话去做了，结果觉得心中非常舒畅，这实在是件令人惊喜的事呀！"这人还继续说道，"待在船上的这段时间里，我将天天在日落黄昏的时刻，把一切恼人的烦忧抛诸大海，直到自己觉得完全没有一丝烦恼为止。同时我将日日注视着这些烦恼消失于时间的大海里！"

当然，仅仅使心灵空白是不够的，必须加进一些内容才可以。因为人的心灵不能永远呈现空白，而毫无内涵，否则，曾经丢弃的消极想法极有可能又重新窜入你的思想之中。

因此，我们必须在心灵呈现空白的同时，立即注入富含健康、快乐的想法。如此一来，那些负面的想法将无法再对你造成任何影响。久而久之，那些重新注入脑中的新想法将在你的思想中生长，而且能击退任何负面的想法。届时你的心灵将永远享有平和。

温和的映像与声音的疗效

美好或温暖的画面，也有助于净化心灵。在每一天当中，你抽出一点时间，5分钟或10分钟，在头脑中幻想这样的景象：夕阳西下时分，美丽的晚霞衬映着翠绿的山峦，夕阳映照在湖面上，银光闪闪，温柔的白色浪花冲击着细软绵密的沙滩等等。诸如此类的平和画面，能产生有如良药般的神奇功效。

通常，当人们说出温和话语的时候，行为必然也会自然的反映出温和的态度，于是平和之心的力量也将从中孕育而生。因此，培养自己说话温和的习惯，也不失为一种有效的良方。你不妨一再重复那些具有激动性、积极有力的温和话语，自然而然的，你便能体会到其中的奥妙变化。相反，如果你不断说出一些令人畏惧、恐慌的话语，你的心灵必将会逐渐进入神经过敏的状态，甚至意志将不由自主的日益消沉，而这种情形也将对你的身体发生负面影响。

语言创造思考

使心情平静，或者产生平和的心态，当然还有其他多种不同的做法。譬如，不同的谈话方式及语调也会使心灵产生不同的变化。有时当我们在言谈之间倾向神经质般的感动或失常的表现时，往往会导致情绪上的反面影响。但若能经常保持积极的言谈态度，则将会带来正面的影响。

当你发现自己在言谈间有消极或失常的倾向时，不妨警觉性地立刻加入正面和温和的语调及内容。这些内容对于振奋精神，以及克制紧张的情绪具有巨大的作用。譬如，早餐时消沉的谈话即常常成为当天不愉快的情绪来源。其实，当你的言谈一再倾向消沉或不吉利时，情况便可能趋向恶劣，因为言谈会影响考虑的方向，进而引导行为。因此，在一天的开始，最好以平和的言谈作为序幕，如此，相信在这一整天你将享有愉快的心情与感受，生活也必然趋向成功与充实。

用沉默和想象进行休息

在每天 24 个小时中，至少抽出 15 分钟作为个人沉默的时间。每日都坚持片刻的绝对沉默，对保持心态平和很有作用。在这段时间中，你不妨选择一个安静的地方，在那里或坐、或卧、或躺，安静的享受属于你个人的沉默时间，既不与人交谈，也不读写任何东西，尽量摒除考虑，把你的心灵置于虚空的状态中，有时难免会产生思绪扰乱的状况，但只要你努力尝试，终能使自己的心灵如同静止的水面一般波纹不起。

紧跟着要做的是"倾听"。通常，在沉默时听到的声音大多是谐和的、美丽的。这种情况正如托马斯·克莱尔所言："沉默是形成自然、伟大之事的要素。"

噪声越来越严重地影响我们的心灵平和。根据一项科学的实验结果显示，人们若长期处在充满噪声的环境中，其工作休息等效率均将明显降低。如果没有适度的调养生息，将使反面的影响加大、加深。

此外，远处的汽车喇叭声，即使对于睡眠中的身体状态也会构成负面的影响。这是因为这些声响会直接传达至人体的神经组织，使肌肉细胞产生反应，而这种反应经常降低人们真正的休息程度。相反，沉默却具有镇静情绪、健康身体的疗效。事实上，从全部的沉默之中所得到的休息，才可称得上是完全的、真正的休息。在当今社会，想要争得片刻的沉默安静，实非易事，尤其是现在制造噪声的媒介普遍充斥，使得人们的居住空间与时间似乎永远压缩于紧张的状态中，尽管如此，假使你有时能使自己的心思沉浸于祥和、美好的想像画面中，也是很好的。在这种情况下，你心中原有的一些不高兴，往往能因此而淡化，甚至可使心灵产生奥妙无比的变化！

让意念飞向夏威夷

站在位于海滩边的"皇家夏威夷饭店"的阳台上俯望着被海风吹拂得摇曳生姿的椰子树丛；空气中渗含着淡淡的花香；别致的庭院中种满木槿树，种类达到2000多种；熟透的木瓜果实也映入眼帘。此外，森林树火焰般的深红色衬托着美丽的风光，而刺槐树在雪白的花间忽隐忽现，形成深具魅力的景色。

围绕这个岛屿的是一片令人无法置信的漂亮海洋，放眼望去，尽是一片水天相接的天成美景。岸边，白色的浪花来回地冲击拍打着。而海滩上，三三两两的夏威夷居民或慕名远来的观光客悠闲地享受着自然景色。他们或者冲浪、或者嬉玩独木舟……构成一幅悠游自得的轻松图画。

这些无法以笔墨捕捉的动人画面会奇迹般地产生一种温和的感受，

会使往日那些在心中不时羁绊的烦恼退离千里之遥。当你的心中充满着这美丽的一切，也会因而感到和谐安详。

创造并珍惜平和经验的宝库

在纽约市区有一座餐厅，吸引很多人慕名而来。这个餐厅最为别致之处就在于它的四周墙壁分别挂有男主人童年生长的乡村景观图片。图片中除了一一反应男主人的童年生活外，还有高低起伏的丘陵、暖阳照耀的山谷、涟漪荡漾的小河……从图片中仿佛感受到小河中的水在静静地流淌着，尤其在阳光之下更显得闪闪发亮。清澈的水流爬缘着岩石，在弯弯曲曲的径道中曲折而行。河流旁边则不规则地散落着许多小房子，而房子的中间耸立着外形如塔状的高尖教堂。

当大伙用过早餐之后，男主人欣然指着壁上的画，对大家讲起他从前的快乐回忆：

我偶尔坐在餐厅中，看着壁上的画，不禁置身于往事之中。譬如，想起小时候的我总爱赤着脚在小溪中走来走去，即使时日已远，但我仍然清楚的记得在我脚下的那些泥土是多么的细软纯洁。夏天时，我们在小河边钓鱼；春天时节，我们则坐着木板从丘陵上一路滑下去。"在童年的记忆中，最令我难以忘怀的还有那个高高尖尖的教堂……"他脸上漾满微笑继续说着，"教堂里时时会举办盛大的布道会。尽管当时我什么也听不懂，只会静静坐着。"

但是现在想来，这也不失为一项幸福的回忆。现在，父母虽然均已永眠于教堂旁的墓地。但是，回忆中在墓地旁，均能清晰地唤起过去的甜蜜光景，而父母的叮嘱声音也仿若近在耳边。有时，当我累了或精神紧张时，我便坐在这儿安静地观赏教堂的画，它让我重回旧时那段纯真无瑕的时光，它真的能带给我平和的心灵！"

或许并非每个人都能拥有这般美丽的童年回忆，但是任何人却都

143

可在自己的心中描绘这样的图画，而图画中所呈现的必须是你生命中最美的回忆。不妨试着采用这个方法，使你的生活变得更为美丽吧！不论你是怎样的忙碌、疲累，使用这个简易而独特的方法，必能为你的人生带来光明与希望。

自责之心的后遗症

有关平和心灵的课题还有一项问题需要加以讨论，那就是"自责之心"。那些心中缺乏平和之心的人，往往都是自责过重的人。其实，只要他们心中存有宽恕之心，那么情况就会有所改观。

事实上，这种类型的人多半认为自己应当受到惩罚，因此对于任何事均抱持不安感。在这样反面的预期心理之下，经常很难寻求平和之心，于是，如何从罪恶感的深渊中解放出来，便成为解决这个问题的根本之道。

曾有位医生发表了对这个问题的看法，根据他的实验经验与观察发现，绝大多数精神病患者的病因都是因为本身罪恶感作祟所引起的。此外，此类病患时常会在无意识之中凭着过量消耗体力的疲劳活动来试图弥补自己的罪恶感。

如此一来，就造成了一种后果，那就是病患者所遭遇到的挫败及打击，其主因反而不在于旧时的罪恶感，而是由于后来非正常性的疲劳因素居多。同时这位医生强调，假如这种类型的病患能够极力排除本身的罪恶感心态，将可避免变相的自我疲劳，或将遇挫的程度减至最低。

6. 追求淡泊的意境

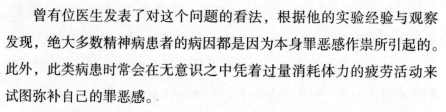

在无意志的夜晚，一个被生命所觉醒的意志，化成个体，它从广

漠无涯的世界中，从无数正在努力、烦恼、迷惑的个体间，找出了他自己，然后又像做了一场噩梦一般，迅即回归以前的无意识中。但是，在未走到那里之前，他有无限的愿望、无尽的要求，一个愿望刚获得满足，又产生新的愿望。即使赐予他们世界上可能有的满足，亦不足以平息他的欲望、压抑他的需求、满足他内心的深渊。并且，试想纵使能获得所有种类的满足，那对人们究竟将会形成何种局面呢？不外乎仍是日月辛劳以维持生存。为此，他仍须不断地辛苦、不断地忧虑、不断地和穷困战斗，而死亡总随时在前头等待他。

我们要能明确了解幸福原是一种迷妄，最后终归一场空，如此来观察人生万事，才能分明。其中道理存在于事务最深的本质中，大部分人的生命所以悲惨而短暂，是因为不知此理。人生所呈现的就是或大或小从无间断的欺瞒，一个愿望遥遥向我们招手，我们便锲而不舍地追求或等待，但在获得之后，立刻又被夺去。"距离"这一魔术，正如天国所显示的一般，实是一种错觉，我们被它欺骗后便会消失。

因此，所谓幸福，通常不是在未来，而"现在"，就像是和风吹拂阳光普照的平原上的一片小黑云，它的前后左右都是光辉灿烂，唯独这片云中是一团阴影。所以，"现在"通常是不满，"未来"是未可预卜，"过去"则已无可挽回。人生之中的每时、每日、每周、每年、都是或大或小形形色色的灾难，他的希望常遭悖逆，他的计划时遇顿挫，这样的人生，分明已树起使人憎厌的标记，为何大家竟未把这些事情看透，而认定人生是值得感谢和快乐的、人类是幸福的存在呢？实在令人莫名其妙。

我们应从人生的普通状态——连续的迷妄和觉醒的交迭中产生一种信念：没有任何事物值得我们奋斗、努力和争取，一切的财宝都是虚无的，这个世界终必归于破灭，而人生乃是一宗得不偿失的交易。

个体中的智慧如何能够知悉和理解意志所有的客体都是空虚的？答案首先在于时间。由于时间的形式，呈现出事物的变易无常，而显出它们的空虚。换言之，就是由于"时间"的形式，把一切的享乐或欢喜在我们手中归于空无后，使我们惊讶地寻找它到底遁归何处。所以说，空虚，实是时间之流中唯一的客观存在，它在事物的本质中与时间相配合，而表现于其中。唯其如此，所以时间是我们一切直观先天的必然形式，一切的物质以及我们本身都非在这里表现不可。因而，我们的生命就像是金钱的支付，受款之余，还得交出一张收据。就这样，一天天受领着金钱，开出的收据就是死亡。由于时间中所表现的一切生物的毁灭，因而使我们了解到那是自然对于它们的价值的宣告。

如此，一切生命必然匆匆走向老迈和死亡，这是自然对于求生意志的努力终必归于乌有的宣告："你们的欲求，就是以如此作终结。再企盼更好的东西吧！"它是在对生命提出如下的教训：我们都是受到愿望之对象的欺蒙，它们通常先是动荡不定，然后趋于破灭，最后，连它的立脚点也被摧毁无余，所以，它带给我们的痛苦远多于欢乐。同时，由于生命本身的毁灭，也将使人获得一个结论：一切的努力和欲望，皆为迷误。

我们只有对痛苦、忧虑、恐惧才有所感觉，反之，当你平安无事、无病无灾时，则毫无所觉。我们对于愿望的感觉，就如饥之求食、渴之求饮一般的迫切，但愿望获得满足后，则又像吞下一片食物的一瞬间一样，仿佛知觉已停止。

当我们没有享受或欢乐时，我们总是经常痛苦地想念它。同时在痛苦持续一段长时间，实际已经消失，而我们不能直接感触到它后，我们却仍是故意借反省去回忆它。这就是因为唯有痛苦和缺乏才有积极性的感觉，因为它们都能自动呈现。反之，幸福不过是消极的东西。

146

例如，健康、青春和自由可说是人生的三大财宝，但当我们拥有它时，却毫无所觉，一旦丧失后，才意识到它们的可贵，其中道理正是如此，因为它们是消极性的东西。

总之，我们都是在不幸的日子降临，取代往日的生活后，才体会到过去的幸福。享乐愈增，相对的对它的感受性就愈减低，积久成习后，更不觉得自己身在福中。反之，却相对增加了对痛苦的感受性。因为原有的习惯一消失，特别容易感到痛苦。如此，所拥有的愈多，愈增加对痛苦的感受力。当我们快乐时，觉得时间过得很快，当处在痛苦时，则觉度日如年，这也正可以证明能使我们感觉它存在的积极性的东西，是痛苦而非享乐。同理当我们百无聊赖时，才会意识到时间，趣味盎然时则否。

以上种种事实都可以见出：我们生存的所谓幸福，是指一般我们所未感觉到的事情，最不能感觉到的事情，也就是最幸福的事情。最令人雀跃的大喜悦，通常接续在饱尝最大的痛苦之后。相反的，若"满足"的时间持续太长，所带来的却是如何排遣、或如何满足其他虚荣心等的问题。所以，诗人不得不让他们笔下的主角先安排个痛苦不安的境遇，然后再使它们从困境中摆脱出来。

确信人生经历是一笔的财富的人，不妨心平气和地试着把人类一生中所能享受的快乐总和，与人们一生中所遭遇到的烦恼总和，比较一下，我想便不难算出其中的比重若何。我们不必争论世上善与恶何者较多之类的问题。恶，既是存在的事实，论争已属多余，因为不管善、恶是同时存在，抑或善在恶之后存在，既然我们无法将恶祛除净尽，我们也就只好默认事实。所以，佩脱拉克说道："一千个享乐，也抵不得一个苦恼。"

总之，纵使有一千个人生活在幸福和欢乐之中，但只要有一个人不能免于不安和老死的折磨，我们就不能否认痛苦的存在。同理，即使世界上的恶减少到实际的百分之一，但只要它表现出来，就足以构成一个真理的基础。这个真理虽带着几分间接性，但却有种种的表达方式，例如，"世界的存在并非可喜，毋宁是可悲的"，"不存在胜于存在"。

如果正如斯宾诺莎或他今天的信徒所说："世界和人生都有它们各自的目的，所以不须在理论上辩护，不必在实践上补偿和改良。它们是生命的原因，是神所显现的唯一存在，或者说，是神为了看到自己的反影，故意让他那样的发展，因此，其存在不必以理由来辩护，也不必借结果而解放"的话，人生的苦恼和劳苦，就毋须由享受和幸福来加以补偿了。如果如上所述，则我现在的痛苦填满"现在"的时间，同理，本来的喜悦也填满"本来"的时间，因为前者不能由后者加以消除，所以不可能有这样的事态。完全的苦恼是不存在的，死亡也是不存在的，或者说死亡对于我们应该不是值得恐惧的事情。也许唯有抱持这种看法，人生才有它的报偿吧！

但是，正如地狱的周遭都带着硫磺味道一般，我们周围亦显示着要我们"最好不存在"的迹象，试看：一切事情通常皆不完整、而令人迷惑，愉快的事情总掺杂着不愉快，享乐通常不过只占一半，满足反而形成一种妨碍，安心伴随着新的重荷。对于每天每小时所发生的困难，虽有方策，但它却坐视不救，眼睁睁看着我们所攀登的楼梯，在脚底下一阶一阶拆毁，不仅如此，还有大小不等、形色不一的不幸在前面等着我们。

一言以蔽之，我们就像盲目预言家费诺斯一样。因哈皮怪兽把他所有的食物都弄污了，已经无物可吃。对此，有两种手段可以试用，第一是利用才智、谨慎和谋略，但它的功效非常有限，往往只有自取其辱。第二是要有斯多噶派的恬淡，彻悟万事，对任何事都加轻视，借以缴除"不幸"所赖以为祸的武器。从力行实践方面而言，就是要有儒学派者的达观，干脆放弃一切的手段和助力，有如秋奥真尼斯一般，把自己当作犬。

事实上，人类是应该悲惨的，因为人类所遭遇的灾祸的最大根源，乃在人类本身，"人便是吃人的狼"。若能正视这最后的事实，那么这个世界看起来即是地狱，比但丁所描写的地狱，有过之而无不及，人类相互间都成了恶魔。其中一人取得头目资格，以征服者的姿态出现，然后使数十万人相互敌对，并且对众人呐喊："你们的命运就是苦恼和死亡。来吧！大家用枪炮互相攻打吧！"于是众人也就顺势糊里糊涂地拼起命来。

总之，综观人类的行为，大抵不外不公正、极端的不公平、冷酷、甚至残忍，纵有与之相反的例外，也仅是偶然发生而已。基于此，才有国家和立法的需要。但一旦法律有所不及，人们立刻又表现出人类特有的对同类的残忍性。人类之间究竟如何互相对待？我们只要看着黑人奴隶买卖的情形，便可了然，它的最终目的，不过是为了砂糖和咖啡。但他们原可不必这样做的。这实在是出于人类不能满足的自私心，偶尔亦有基于恶意的。再看看，有的人从 5 岁时就开始进入纺织工厂或其他工厂，最初工作 10 小时，其次 12 小时，最后增至 14 小时，每天做着相同的机械性劳动。付出这样高的代价，只为了得以苟延残喘。然而，这却是数百万人共同的命运，而其他数百万人的命运也莫不如此。

除此而外，一些极为微小的偶然亦可使我们导致不幸。世界上没有所谓完全幸福的人，一个人最幸福的时刻，就是当他在酣睡时，而不幸的人最不幸的时候，就是他觉醒的瞬间。实际上许多不幸都是间接的，人们之所以经常感到自己的不幸，是因为任何人心底都有强烈的嫉妒心，不管处在何种生活状态，只要看到别人胜过自己，不管哪一方面，即足以造成嫉妒的动机，并且无法平息。人类因为感到自己的不幸，所以，无法容忍别人的幸福。相反的，当他感到幸福时——即使只有短暂的一刹那，立刻洋洋自得起来，恨不得向周围的人夸耀："但愿我的喜悦，能成为全世界人的幸福。"

如果能明白显示人生本身就是贵重财富的话，那么对死和死亡的恐惧守卫者，就不该设置在它的出口。反之，若说死亡真如想象中那般可怕的话，又有谁愿意逗留在这样的人生中呢？还有，若人生纯粹是欢乐美好的话，当想到"死亡"时，又是何种滋味？恐怕也将无法忍受吧！话虽如此，以死亡作为生命的终点，也有好的一面，在苦恼的人生中，由于有死亡，可以得到一种慰藉。其实，苦恼和死亡是联结在一起的。它们制造了一条迷路，虽然人们希望离开它，但却相当困难。

从实践方面而言，如果说世界并不宜于存在，在道理上也应该可以站得住脚。因为存在的本身已显示得很清楚，或者从存在的目的，也可以观察出来，当不致使人对它有所惊讶或怀疑，至少毋须多加说明。但事实并不如此，世界原是永远无法解决的难题，不论任何完整的哲学，也有无法触及的一面，它仿佛像不能溶解的沉淀物，又如两个不合理数之间的关系。所以，如果有人提出这样的疑问："如果除世界之外再无任何东西，不是更好么？"它（指世界）也没办法替我们解释，我们亦无法从这里发现其存在的理由或终局的原因，亦即它本身不能表示它是否为自身的利益而存在的命题。

世界存在的理由并没有明显的根据。只是由物自体盲目的求生意志以现象的形式，来表示"为什么"，而不受根本原理的支配。这和世界的性质是相一致的，因为安排我们活动的，是肉眼所看不到的意志，如果眼睛能够看到这种意志，它应该马上能估计出这种事业的得不偿失，能知道：在不绝的忧虑、不安和穷困之中，即使我们付出全力，努力奋斗，任何个体的生命也无法免除破灭的厄运，所能得到的生存只是一时性的，到最后仍难免在我们手中归于乌有，得不到任何报偿。所以，尽管世界充满悲惨是昭然若揭的事，一般人仍打着乐天主义的旗号，在这种场合中，生命被称为一种赠物。但是我们若能预先详细调查这个赠物的话，很明显的，任何人都将谢绝接受它。

与其说人类的生存是一种赠物，莫若说是一种负债契约，负债的原因是由于生存的实际要求、恼人的愿望及无限的穷困。通常，我们一生之间都是耗费在这种负债的支付上。但，也仅仅勉为其难的才能把利息偿还。至于本金，只有由死亡来偿付了。然而，这种负债契约是在何时订定的呢？是在生殖之时。

因而，我们一定要把人类的生存当做是一种惩罚、一种赎罪的行为，唯有如此，才能正确地观察世相。人间"堕落"的神话虽然只不过是个比喻，但也具有形而上的真理我们的生存类似一种过失的结果，一种宜受惩罚的情欲的结果。新约圣经的基督教最聪明之处，即在直接地和这个神话相结合，而其伦理精神则和婆罗门教或佛教相同。至于其他方面则又与乐天的旧约圣经毫无关系。实际上，若不如此，它与犹太教即无任何关联了。

如果有人想要测量一下我们的生存本身的负罪程度，不妨看看与它联结在一起的苦恼。不论精神上或肉体上的巨大苦恼，都可明显的表示出我们的所值究竟是多少。换言之，如果我们的价值不如苦恼的话，苦恼当不会到来。基督教对我们的生存亦持这样的看法。"我们的肉体、境遇及一切皆被恶魔所征服，这个世界中不过是些外邦人，他们的主人、他们的神是恶魔。因此，我们所吃的面包，我们所喝的饮料，我们所穿的衣物，甚至连空气等一切供养我们身体的东西，都要受其支配。""现在"即是罪恶的场所，换言之，也就意味着这个世界就像地狱一般。即使你想否定这件事，其实你本身就经常经验到它。

再进一步说，这个世界就是烦恼痛苦的生物互相吞食以图苟延残喘的斗争场所，是数千种动物以及猛兽间的活坟墓，它们经由不断地残杀，以维持自己的生命。并且，它们感觉痛苦的能力是随着认识力而递增的，因此，到了人类，这种痛苦便达到最高峰。智慧愈增，痛苦愈甚。

在这样的世界中，竟然有人迎合乐天主义的说法，来向我们证明"可能有的世界中之最佳者"，这种理由显然太贫弱了。不独如此，乐天主义者还叫我们张开眼睛看看世界：世界中有山、有谷、有河、有植物、有动物等，在美丽的阳光的照耀下，这一切不是很美很可爱吗？诚然，如若大略一瞥，情况的确如此，但仔细调查其中的内容，却不是那回事了。

接着，神学家又出来向我们赞美世界的巧妙组织。由于这种组织的精巧，星辰的运行永远不会相碰头，陆地和海洋不会错置相混，寒流不会滞留不去而使万物僵硬，酷暑不会长在而使万物烧灼，春夏秋冬四季的轮转，井然有序，而有各种作物的收成。然而这一切的一切，仅是世界不可或缺的条件而已，如果它不要让我们像莱辛的孩子一般，降生后立刻离去的话。

这个世界的构造当然不至于拙劣到连基柱都会崩坏的程度。但我们试着进一步再观察这个被赞美的作品的"成果"，在这坚固舞台上的演员，他们的痛苦是和感受性同时表现的，感受性发达后乃形成智慧，痛苦亦随之俱增，欲望亦与之共同发展，永无止境地繁衍着，高腾到提供人类生活的材料除悲剧和闹剧外，竟再也找不出其他东西了！

人类虽然具备所谓的"悟性"和"理性"两种强力工具，但其中的百分之九十却都消耗在贫乏的挣扎中，经常站在破灭的边缘，痛苦地保持身体的平衡。可见，不论就全体的存续或个体的存续而言，上苍所赋予我们的条件都不完备。因此，个人的生命只有为生存而不断斗争，而且，破灭的危险还一步步向我们逼近。正因为这些危险成为事实的例子极多，所以，我们必须妥为照顾自己的幼儿，以免因个体的灭亡而引起种族的灭绝。对自然而言，真正重要的只有种族。因此，若世界仍宜于存在的话，恐怕没有比这更坏的世界了，其实例实在不胜枚举。曾经住在地球的任何动物化石，都可作为我们推算的蓝本，它们的存续已成明日黄花，这正可向我们提供：比"可能有的世界之最坏者"更坏的世界的有力明证。

乐观主义其实就是世界真正的创造者，求生意志的自我陶醉在自己的作品中自我欣赏而得意忘形。这不但是错误的，而且是有害的学说。因为乐观主义对人生的状态表示欢迎，并把幸福列为它的最高目的。基于此，每个人似乎都相信他有要求幸福的快乐的权利。但是，通常世上这些东西是不会赋给任何人的，因此人们转而认为自己碰上霉运，甚至还以为自己的生存目的有了错误。实则，劳动、缺乏、穷困、苦恼以及最后的死亡等等，把它们当做人生目的，才是正当的。为什么呢？因为唯有如此，才能把我们引导向求生意志的否定。

7. 生活的意义是什么

人类生活于"意义"的领域之中。我们所经验到的，并不是单纯的环境，而是环境对人类的重要性。即使是对环境中最单纯的事物，人类的经验也是以人类的目的来加以衡量的。假使有哪一个人想脱离意义的范畴而使自己生活于单纯的环境之中，那么他一定非常不幸。他将自绝于他人，他的举动对他自己或别人都毫不起作用，总之，它们都是没有意义的。我们一直是以我们赋予现实的意义来感受它，我们所感受的，不是现实本身，而是它们经过解释后之物。因此，我们可以顺理成章地说：这些意义多多少少总是不完全的，它们甚至是不完全正确的。意义的领域即是充满了错误的领域。

假如我们问一个人："生活的意义是什么？"他很可能回答不出来。通常，人们若不愿用这个问题来使自己困扰，就是用老生常谈式的回答来搪塞它。然而，自有人类历史起，这个问题便已经存在了。人们常会爆出这样的呼号："我们是为什么而活？生活的意义是什么？"

不过，我们可以断言：他们只有在遭受到失败的时候，才会发出这种疑问，假使每件事情都平淡无波，在他们面前也没有困难的阻碍，那么这个问题便不会被诉之于言词。每个人都只把这个问题和对它的答案表现于自己的行为之中。如果我们对一个人的话语充耳不闻，而只观察他的行为，我们将会发现：他有个人的"生活意义"，他的姿势、态度、动作、表情、礼貌、野心、习惯、特征等等，都遵循此一意义而行。他的作风表现出：他好像对某种生活的解释深信不疑，他的一举一动都蕴含有他对这个世界和他自己的看法，他似乎断言："我就是这个样子，而宇宙就是那种形态。"这便是他赋予自己的意义以及他赋予生命的意义。

随人而异的生命意义是多得不可胜数的。而且，我们说过，每一种意义可能多少都含有错误的成分在里头。没有人拥有绝对正确的生命意义，而我们也可以说：只要是被人们应用的生命意义，也不会是绝对错误的。所有的意义都在这两极端中变化。然而，在这些变化里，我们却可以将各种回答分出高下：它们有些很美妙，有些很糟糕，有些错得多，有些错得少。我们还能发现：较好的意义具有那些共同的特质，而较差的意义又都缺少那些东西。这样，我们可以得到一种科学的"生命意义"，它是真正意义的共同尺度，也是能使我们应付与人类有关的现实"意义"的。在此，我们必须牢牢记住："真实"指的是对人类的真实，对人类目标和计划的真实。除此之外，别无真理。如果还有其他真理存在，它和我们也没有关系，我们无法知道它。它也必然是没有意义的。

每个人都有三条重要的联系，这些联系是他必须随时耿耿于怀的。它们构成了他的现实，他们面临的问题都是这些联系所造成的。由于这些问题总是不停地缠绕着他，他也必须不断地回答这些问题，他的回答即能表现出他对生命意义的个人概念。这些联系之一是：我们居住于地球这个贫瘠星球的表面上，而无处可逃。我们必须在这个限制之下，借我们居住之处供给我们的资源而成长。我们必须发展我们的身体和心灵，以保证人类的未来得以延续。这是个向每个人索取答案的问题，没有人逃脱得了它的挑战。无论我们做什么事，我们的行为都是我们对人类生活情境的解答：它们显现出我们心目中认为那些事情是必要的，合适的，可能的，有价值的。这些解答又都被"我们属于人类"以及"人类居住于此一地球之上"等事实所限制。

当我们虑及人类肉体的脆弱性以及我们所居住环境的不安全性时，我们可以看出：为了我们自己的生命，为了全体人类的幸福，我们必须拿出毅力来确定我们的答案，以使它们眼光远大而前后一致。这就像我们面对一个数学问题一样，我们必须努力追求解答。我们不能单凭猜测，也不能希图侥幸，我们必须用尽我们能力所及的各种方法，坚定地从事此事。我们虽然不能发现绝对完美的永恒答案，然而，我们却必须用我们的所有才能，来找出近似的答案。我们必须不停地奋斗，以找寻更为完美的解答，这个解答必须针对"我们被束缚于地球这个贫瘠星球的表面上"这件事实，以及我们居住的环境所带给我们的种种利益和灾害。

我们并不是人类种族的唯一成员。我们四周还有其他人，我们活着，必然要和他们发生关联。个人的脆弱性和种种限制，使得他无法单独地达到自己的目标。假使只有他孤零零的活着，并且想只凭自己的力量来应付自己的问题，他必然会灭亡掉。他无法保持自己的生命，人类的生命也无法延续下去。他必须和他人发生联系，此种联系是因为他的脆弱、无能和限制所造成的。个人为自己的幸福，为人类的福利，所采取的最重要步骤就是和别人发生关联。因此，对生活问题的每一种答案都必须把这种联系考虑在内：他们必须顾虑到"我们生活于和他人的联系之中，假使我们变得孤独，我们必将灭亡"这件事实。我们最大的问题和目标就是：在我们居住的星球上，和我们的同类合作，以延续我们的生命和人类的命脉。我们要生存下去，我们的情绪就必须和这个问题与目标互相协调。

人类有两种性别，个人和团体共同生命的保存都必须顾及这件事实。爱情和婚姻即属于这种联系。每一个男人或女人都不能对这问题避而不答。人类面对这问题时的所作所为，就是他的答案。人们可以用许多不同的方式来解决此问题，他们的举动即表现出，他们认为可以为他们解决这个问题的最佳方法。这三种联系构成了三种问题：如何谋求一种职业，以使我们在地球的天然限制之下得以生存；如何在我们的同类之中获取地位，以使我们能互助合作并分享合作的利益；如何调整我们自身，以适应"人类存在两种性别"和"人类的延续和扩展，有赖于我们的爱情生活"等事实。

　　生活中的每一个问题几乎都可以归纳于职业、社会和性这三个主要问题之下。每个人对这三个问题作出反应时，都明白地表现出他对生活意义的最深层的感受。举个例子来说吧，假如有一个人，他的爱情生活很不完美，他对职业也不尽心致力，他的朋友很少，他又发现和他的同伴接触是件痛苦的事。那么，由他生活中的这些拘束和限制，我们可以断言，他一定会感到："活下去"是件艰苦而危险的事，它有着太少的机会与太多的挫折。他活动范围的狭窄，可以用他的判断来加以了解："生活的意义是——保护我自己以免受到伤害、把自己圈围起来，避免与别人接触。"反过来说，假使有一个人，他爱情生活的各方面都非常甜蜜而融洽，他的工作导致了可观的成就，他朋友很多，他交游广阔而成果丰硕。我们能断言，这样的人必然会感受：生活是件富于创造性的历程，它提供了许多机会，却没有不可克服的困难。他应付生活中各种问题的勇气，可以用下面的断语来加以了解："生活的意义是——对同伴发生兴趣，作为团体的一分子，并对人类幸福贡献出自己的一份力量。"

　　在这里，我们可以看出：各种错误"生活意义"的共同尺度，和各种正确"生活意义"的共同尺度。所有失败者——神经病者、精神病者、罪犯、酗酒者、问题少年、自杀者、堕落者、娼妓，之所以失败，就是因为他们缺乏从属感和社会问题可以用合作的方式加以解决。他们赋予生活的意义，是一种属于个人的意义：他们认为，没有哪个人能从完成其目标中获得利益，他们的兴趣也只停留于自己身上。他们争取的目标是一种虚假的个人优越感，他们的成功也只有对他们自身才有意义。谋杀者在手中握有一瓶毒药时，可能会体会到一种权力之感，但是，很明显地，他只能使自己相信自己的重要性，对别人而言，拥有一瓶毒药并不能抬高他的身价。事实上，属于私人的意义是

157

完全没有意义的，意义只有在和他人交往时，才有存在的可能。只对某个人意味某些事情的一个字，实在是毫无意义的。我们的目标和动作也是一样，它们惟一的意义，就是它们对别人的意义。每个人都努力地想使自己变得重要，但是如果他不能体会：人类的重要性是依据他们对别人生活所作的贡献而定的，那么他必定会踏上错误之途。

所有真正"生活意义"的标志是：它们都是共同的意义——它们是别人能够分享的意义，也是能被别人认定为有效的意义。能够解决生活问题的优良方法，必然也能为别人解决类似的问题，因为我们在其中可以看出如何用成功的方式来应付共同的问题。即使无才，也只能用至高无上效用来定义，因为一个人的生命只有被别人认定为对他们很重要时，他们才会称他为天才。表现于这种生活中的意义必然为："生活意指——对团体贡献力量"。在这里，我们谈的不是职业动机。我们不管职业，而只注意成就。能够成功地应付人类生活中问题的人，他行为的方式显得好像已经认清：生活的意义在于对别人发生兴趣以及互助合作。他所做的每件事情似乎都被其同类的喜好所指引，当他遭遇困难时，他会用不和别人利益发生冲突的方法来加以克服。

对许多人而言，这很可能是一种新的观点，他们也许会怀疑，我们赋予生活的意义是否真的应该是：奉献，对别人发生兴趣和互助合作。他们或许会问："对于自己，我们又该做些什么呢？要是一个人老是考虑别人，老是为别人的利益而奉献自己，他岂不是要感到痛苦？如果一个人想要适当地发展自己，至少他也应该为自己设想一下吧？我们之中难道没有人应该学习怎样保护我们自身的利益，或加强我们本身的人格么？"这种观点，是大谬不然的，它提出的问题只是虚假的问题而已。假若一个人在他赋予生活的意义里，希望对别人有所贡献，而且他的情绪也都指向了这个目标，他自然会把自己塑造成最有贡献的理想形态。他会为他的目标而调整自己，他会以他的社会感觉来训练自己，他也会从练习中获得种种技巧。认清目标后，学习即会随之而行。慢慢地，他会开始充实自己以解决这三种生活问题，并扩展自己的能力。且让我们以爱情与婚姻为例。如果我们深爱着我们的伴侣，如果我们致力于充实我们爱侣的生活，我们自然会竭尽所能地表现出自己的才华。假使我们没有奉献的目标，而只想凭空发展人格，那只是装腔作势，徒然使自己更不愉快而已。

奉献乃是生活的真正意义。假使我们在今日检视我们从祖先手里接下来的遗物，我们将会看到什么？他们留下的东西，都是他们对人类生活的贡献。我们看到开发过的土地，我们看到公路和建筑物。在传统中，在哲学里，在科学和艺术上，以及在处理人类问题的技术方面，我们还看到了他们生活经验互相交流的成果。这些成果都是对人类幸福有所贡献的人们留下来的。其他的人们又怎么样呢？那些不合作分子用那些赋予生活另一种意义的人，那些只会问："我该怎样逃避生活"的人，都怎么样了？他们身后一点痕迹也没有留下。他们不仅已经死亡，他们的整个生命也是贫瘠不堪的。我们的地球似乎曾对他们说过："我们不需要你，你根本不配活下去。你的目标，你的奋斗，你所保持的价值观念都没有未来可言。滚开吧！一无可取的人！快点死亡，快点消逝掉吧！"对于不是以合作作为生活意义的人来说，我们所下的最后断语是："你是没有用的。没有人需要你，走开！"当然，在我们现代的文化中，我们可以看到许多不完美之处，当我们发现了弊病，我们就该改变它，不过这种改变仍然必须为人类谋取更多的福利为前提。

了解这种事实的人是到处都有的。他们知道：生活的意义是对人类全体发生兴趣，他们也努力地培养爱情和社会的兴趣。在各种宗教中，我们都能看到这种救世济人的心怀。世界上所有伟大的运动，都是人们想要增加社会利益的结果，宗教即是朝此方向努力的最大力量之一。然而，宗教的本旨却经常被曲解，除非它们更直接地致力于此工作，除它们现在已有的表现外，我们便很难再看出它们能够做更多的事。个体心理学以科学方法，采用了科学技术，也获致同样的结论。由于科学使人类对其同类的兴趣大为增加，所以它或许比政治或宗教等其他运动更能接近此目标。我们从各种不同角度探此问题，但目标却始终如一——增加对别人的兴趣。

因为这种赋予生活的意义，其性质有如吾人事业的守护神或随身恶魔，所以我们对这些意义是如何形成的，它们彼此之间有哪些不同，如果它们犯了重大的错误，又应如何纠正等事情的了解，乃是非常重要之事。这是属于心理学的研究范畴。心理学有别于生理学或生物学，就是它能利用对"意义"以及它们对人类行为及人类未来之影响等事情的了解，来增进人类的幸福。

从呱呱坠地之日起，我们即在摸索着追寻此种"生活的意义"。即使是婴孩，也会要设法估计一下自己的力量，和此种力量在环绕着他的整个生活中，所占的分量。在生命开始第五年未了之际，儿童已发展出一套独特而固定的行为模式，这就是他对付问题和工作的样式。此时，他已经奠下"对这世界和对自己应该期待些什么"的最深层和最持久的概念。以后，他即经由固定的模式来观察世界：经验在被接受之前，即已被预为解释，而此种解释又是依照最先赋予生活的意义而行的。即使这种意义错得一塌糊涂，即使这种处理问题和事物的方式会不断带来不幸和痛苦，它们也不会轻易地被放弃。

只有重新检讨造成此种错误解释的情境，认出谬误之所在，并修正固有模式，这种生活意义中的错误才能被矫正过来。在少数情况下，个人也许会被错误作风的结果逼迫，而修正他所赋予生活的意义，并凭自己的力量成功地完成此种改变，然而，如果没有社会的压力，如果他不发现：假使他再我行我素，则他必然会陷入绝境，那么他必然不会这样做。而且，这种作风的修正，大部分要借助于某些受过训练而了解这些意义的专家，他们能参与帮助发现最初的错误，并从旁建议一种较为合适的意义。

让我们举个例子来说明：童年时的情境可以用许多不同的方式来解释。童年时期的不愉快经验是可能被赋予完全相反的意义的。不顾不愉快经验的人，他的经验除了能告诉他作某些防范未然之事外，便不会影响他们。他觉得："我们必须努力改变这种不良环境，以保证我们的孩子能被安置得更好。"另一种人会觉得："生活是不公平的。别人总是占尽了便宜。既然世界这样对待我，我为什么要善待世界?"有些父母就这样告诉他们的孩子："我小时候也遭受过许多苦难，我都熬下去了。为什么他们就不该吃些苦头?"第三种人则可能觉得："由于我不幸的童年，我做的每件事都是情有可原的。"这三种人的解释都会表现在他们的行为里。除非他们改变他们的解释，否则，他们的行为便不会有所改变。在此，个体心理学扬弃了决定论。经验并不是成功或失败之因。我们不会被经验过的打击所困扰，我们只是从其中取得决定吾人目标之物。我们被我们赋予经验的意义决定了自己以某种特殊经验，作为自己未来生活的基础时，很可能就犯了某种错误而不是被环境所决定的，我们以我们赋予环境的意义决定了我们自己。

然而，在儿童时期，有某些情况却很容易孕育出严重的错误意义。大部分的众所周知者都来自这种情境下成长的儿童。首先，我们要考虑曾经因为在婴儿时期患病或先天因素，而导致身体器官缺陷的儿童。这种儿童心灵的负担很重，他们很难体会到：生活的意义在于奉献。

除非有和他们很亲近的人能把他们的注意力由他们自身引到别人身上。他们大都会只关心自己的感觉。以后，他们还可能因为拿自己和周围的人比较，而感到气馁。在我们现代文化中，他们甚至还会因为同伴的怜悯、揶揄或逃避，而加深其自卑感。这些环境都可能使他们转向自己，丧失在社会中扮演有用角色的希望，并认为自己被这个世界所侮辱。

　　研究器官有缺陷或内分泌异常儿童所面临的困扰的，马斯洛是第一个人。这门科学虽然已经相当进步，可是它发展的方向却非如他所想像的那样，他一直想找出可以克服此种困难的方法，而不是想找寻能够把失败的责任归之于遗传或身体环境的证据。器官的缺陷并不能强迫人们采用错误的生活模式。我们无法找出内分泌腺对他们有同样效果的两个儿童。我们经常看到克服此种困难的儿童，他们在克服这些困难时，还发展出非常有用的才能。在这方面，个体心理学并不吹鼓优生学的选择。有许多对我们文化有重大贡献的杰出人才都有器官上的缺陷，他们的健康状况经常很差，偶尔他们还会早夭。然而，这些奋力克服身体或外在环境困难的人，却造成了许多新的贡献和进步。奋斗使他们坚强，也使他们奋勇向前。光看肉体，我们无法判断心灵的发展将会变好或变坏。可是，器官或内分泌腺有缺陷的儿童，绝大多数都未被导向正途，他们的困难也未曾被了解，结果他们大多变得只对自己有兴趣。因此，我们在早年生活曾因器官缺陷而感受到压力的儿童之中，便发现了许许多多的失败者。

　　第二种经常在赋予生活的意义中造成错误的情境，是把儿童娇纵坏的情境。被娇宠的儿童多会期待别人把他的愿望当法律看待，他不必努力便能成为天之骄子，通常他还会认为：与众不同是他的天赋权利。结果，当他进入一个不是以他为众人注意中心的情境，而别人也不以体贴其感觉为主要目的时，他即会若有所失而觉得世界亏待了他。他一直被训练为只取不予，而从未学会用别的方式来对付其问题。别人老是服侍着他，使得他丧失了独立性，也不知道他能为自己做些什么事情。当他面临困难时，他只有一种应付的方法——乞求别人的帮助。他似乎以为：假使他能再获得突出的地位，假使他能强迫别人承认他是特殊人物，那么他的情况就能大为增进了。

被宠坏的孩子长大之后，很可能成为我们社会中最危险的一群人。他们有些人会严重地破坏善良意志：他们会装出"媚世"的容貌，以博取擅权的机会，可是却暗中打击平常人在日常事务上所表现的合作精神。还有些人会作出更公开的反叛：当他们不再看到他们所习惯的谄媚和顺从时，他们即会觉得自己被出卖了，他们认为社会对他们充满敌意，而想要对他们所有同类施以报复。假使社会真的将他们的生活方式表示敌意"这种事经常发生"，他们会拿出这种敌意作为他们被亏待的新证据。这就是惩罚为什么总是不生效果的道理：它们除了加强"别人都反对我"的信念外，就一无所用了。被宠坏的孩子无论是暗中破坏或是公开反叛，无论是以柔术驾驭别人或是以暴力施行报复，他们在本质上都犯着同样的错误。事实上，我们发现：有许多人他们先后使用着这两种不同的方法，而其目标却始终未变。他们觉得："生活的意义是——独占鳌头，被认为是最重要的人物，并获取心中想要的每件东西。"只要他们继续将这种意义赋予生活，他们所采取的每种方法都是错误的。

第三种很容易造成错误的情境，是被忽视的儿童所处的情境。这样的儿童从不知爱与合作为何物，他们建构了一种没有把这些友善力量考虑在内的生活解释。我们不难了解：当他面临生活问题时，他总会高估其中的困难，而低估自己应付问题的能力和旁人的帮助及善意。

他曾经发现社会对他很冷漠，从此他就错以为它永远是冷漠的。他更不知道他能用对别人有利的行为来赢取感情和尊敬，因此，他不但怀疑别人，也不能信任自己。事实上，感情的地位是任何经验都无法取代的，母亲的每一件工作，就是让她的孩子感受到她是位值得信赖的人物，然后她必须把这种信任之感扩大，直至它涵盖了儿童环境中全部之物为止。如果她的第一个工作——即获得儿童的感情、兴趣和合作失败了，那么这个儿童便不容易发展出社会兴趣，也很难对其同伴有友好之感。每个人都有对别人发生兴趣的能力，但是此种能力必须被启发、被磨练，否则其发展即会受到挫折。

假使有个完全被忽视、被憎恨或被排斥的儿童，我们很可能发现：他很孤单，不能和别人交往，无视于合作的存在，也全然不顾能帮助他和别人共同生活的任何事物。然而，我们说过，在这种环境下的个体必然会死亡。儿童只要度过了婴儿期，便可以证明：他已经受到了某些照顾和关怀。因此，我们不讨论完全被忽视的儿童，我们只管那些受到的照顾较平常为少者，或只在某方面受到忽视，其他方面却一如常人者。总之，我们说：被忽视的儿童必然未曾发现值得他十分信赖的人。我们的文明有种悲哀的讽刺，就是：有许多生活中的失败者，其出身都是孤儿或私生子。通常，我们都把这种儿童归纳于被忽视的儿童之中。

这三种情境——器官缺陷，被娇纵，被忽视，最容易使人将错误的意义赋予生活。从这些情境中出来的儿童几乎都需要帮助以修正他们对待问题的方法。他们必须被帮助以朝向较好的意义。假使我们关心过这些事情——这就是说，假如我们对他们有真正的兴趣，而也在这方面下过工夫，我们将能在他们所做的每件事情中，看出他们的意义。梦和联想已被证实为很有用处：做梦时和清醒时的人格都是相同的，但是在梦中社会要求的压力较轻，人格能不经过防卫和隐瞒就表现出来。不过，要了解个人赋予自己和生活的意义，最大的帮助是来自其记忆。每种记忆都代表了某些值得他们回忆之事，不管他能想起的，是多么少的一点点。当他回忆时，它之所以能够被想起，即是因为它在他生活中所占的分量，它告诉他："这是你应该期待之物"或"这是你应该躲避之物"或"这就是生活！"我们必须再强调：经验本身并不如留于记忆中而被凝结成生活意义的经验来得重要。每件记忆都是值得纪念之物。

对于表明个人对待生活的特殊方式已存在有多久，以及在指出最先构成其生活态度的环境等方面，儿童早期的回忆是特别有用的。最早的记忆之所以重要，有两个原因。第一，个人对自身和环境的基本估计均含于其中，它是个人将他的外貌、他对自己最初的整个概念，以及别人对他的要求等等，第一次综合起来的结果。其次，它是个人主观的起点，也是他为自己所作记录的开始。因此，在其中我们经常可以发现：他觉得自己所处脆弱和不安全的地位，以及被他当作理想的强壮和安全的目标，二者之间的对比。至于被个人当作最早记忆的，是否确实为他所能记起的第一件事，或是否对其真实事情的回忆，对心理学的目的而言，则是无关紧要的。记忆的重要性，在于它们被"当作"何物、对它们的解释，以及它们对现在及未来生活的影响。

一旦我们发现并了解生活的意义，我们即已握有了解开整个人格之钥。曾经有人说：人类的特征是无法改变的，事实上，只有对那些未曾把握住解开此种困境之钥的人，这种说法才为正确。然而，我们说过：假使无法找出最初的错误，那么讨论或治疗也都没有效果，而改进的唯一方法，在于训练他们更合作及更有勇气地面对生活。合作是我们拥有的防止神经病倾向发展的唯一保障。因此，儿童应该被鼓励及被训练以合作之道。在日常工作及平常游戏中，他们也应该被允许在同龄儿童之间，找出自己的行为方式。对合作的任何妨碍都会导致最严重的后果。例如，只学会对自己有兴趣的被宠坏的孩子，很可能把对别人缺乏兴趣的态度带到学校。他对功课有兴趣，只是因为他认为这样做能换来老师的恩宠，他也只愿意听取他觉得对自己有利的事物。当他接近成年时，缺乏社会感觉对他的不利会变得愈来愈明显。在他的毛病开始发生时，他已经不再为责任感和独立性而训练自己，而他本身的特质也已经不足以应付任何生活的考验了。

我们不能因为他的短处而责备他。当他开始尝到苦果时，我们只能帮助他设法加以补救。我们不能期待一个没有上过地理课的孩子，在这门课的考卷上会答出好成绩；我们也不能期待一个未被训练以合之道的孩子，在面临一个需要合作训练的工作之前，会有良好的表现。但是每种生活问题的解决都需要合作的能力，而每种工作也都必须在人类社会的架构下，以能够增进人类福利的方式来予以执行，只有了解生活的意义在于奉献的人，才能够有勇气及较大的成功机会来应付其困难。

如果老师们、父母们及心理学家们都能了解：赋予生活以某种意义时可能犯的错误，而如果他们自己也没有犯同样错误，我们就能相信：缺乏社会兴趣的儿童对他们自己的能力，对生活的机会，就会有较乐观的看法。当他们遇到问题时，他们就不会停止努力、找寻捷径、设法逃离、把肩上重担推给别人口出怨言以博取关怀或同情，或觉得非常丢脸而自暴自弃，或问："生活有什么用处？它使我得到什么东西？"他们将会说："我们必须开拓我们的生活。这是我们的责任，我们也能够对付它。我们是自己行为的主宰。除旧布新的工作，舍我其谁！"假使每个独立自主的人，都能以这种合作的方式来应付其生活，那么我们将可看出：人类社会的进步必然是无止境的。

第四章

价值观与创造观

第一节　价值观

1. 价值观指的是什么

价值观就是人们由心中发出对世界上存在的万物万事的认识以及所持有的对待万事万物的态度。

人们所处的自然环境和社会环境,包括人的社会地位和物质生活条件,决定着人们的价值观念。处于相同的自然环境和社会环境的人,会产生基本相同的价值观念,每一社会都有一些共同认可的普遍的价值标准,从而发现普遍一致的或大部分一致的行为定势,或是社会行为模式。

价值观的内容一方面表现为价值取向、价值追求,凝结为一定的价值目标;另一方面表现为价值尺度和准则,成为人们判断价值事物有无价值及价值大小、是光荣还是可耻的评价标准。

价值观具有相对的稳定性和持久性。在特定的时间、地点、条件下,人们的价值观总是相对稳定和持久的。比如,对某种事物的好坏总有一个看法和评价,在条件不变的情况下这种看法不会改变。但是,随着人们的经济地位的改变,以及人生观和世界观的改变,这种价值观也会随之改变。这就是说价值观也处于发展变化之中。

价值观、人生观和世界观是哲学思想的基础构件,三者相互依存、相互影响。自然或自发状态下人生观和世界观对价值观的形成有决定作用,而通过自觉学习修炼养成的价值观也可以使人生观和世界观产生异化和改变。

一个人的价值观是从出生开始,在家庭和社会的影响下,逐步形成的。一个人所处的社会生产方式及其所处的经济地位,对其价值观的形成有决定性的影响。当然,报刊、电视和广播等宣传的观点以及父母、老师、朋友和公众名人的观点与行为,对一个人的价值观也有不可忽视的影响。

价值观分为普适性价值观和特定性价值观。人们以追求真善美为价值取向的观念是为普适性价值观。而个体对周围的客观事物(包括人、事、物)的意义、重要性的总评价和总看法,是为特定性价值观。

价值观不仅影响个人的行为,还影响着群体行为和整个组织行为。在同一客观条件下,对于同一个事物,由于人们的价值观不同,就会产生不同的行为。在同一个单位中,有人注重工作成就,有人看重金钱报酬,也有人重视地位权力,这就是因为他们的价值观不同。同一个规章制度,如果两个人的价值观相反,那么就会采取完全相反的行为,将对组织目标的实现起着完全不同的作用。

2. 正确的价值观念

确切的说,人是在两种不同的意义上运用"科学"一词的。当谈到一种价值科学时,他们是指一组先验绝对判断,这些绝对判断被结合在一个形式系统中。可是当他们谈到有关其外部世界的科学时,他们所指的正是能干的亨利·马根瑙博士所描绘的:一种不断变化着的概念复合体的唯一现实性,就在于赋予经验、自然、事实以秩序并由之检验。没有什么绝对不变的自然科学概念,它们相互联系,一起构成一种可塑的框架,亦即二种总是在建构却又一再被重构的框架。不过,该框架必须适合的就是事实。这种所谓事实的强暴不是因为它们应当如此,而是因为忧心忡忡的人们担心,科学的扩散正日益剥夺其某些判断的自由。他们感到,科学家们既无精神上的冲动也无人类道德方面的基础,因为科学所承认的唯一成功便是成功地与物质世界的事实相符合。

无论何时只要论及价值,总会显出与科学相比的潜在征兆。为了使这种比较公开化以便理解它,我们曾设想分析价值的本质,表明在

169

各种对立价值观之间经常出现的丰富多彩而又必然的紧张状态。由于存在这种紧张，无论人们以何种方式估量这些价值间的联系，尽管它也许是真实而意义深远的，都没有任何理由将这种价值的两面性称之为科学。然而这些考虑比对那种有可能使之分化的问题作直截了当的讨论就是次要的了。在这种时刻，探索一种价值科学的可能性比起现实地讨论什么是科学的价值，是微不足道的。正是由于这个缘故，我将把科学的价值作为讨论的主题。

为了表达这样的希望，我们将把范围限制在某些人类价值，某种意义上涉及影响和支配人们之间关系的社会价值上，尤其是限制在由我们生活于其中的文明所产生的价值中。这种文明的典型特征，亦即人们普遍奉行的特殊活动，就是科学实践。亨利·马根瑙博士已经明确揭示了这种实践的原则，科学是根据普遍概念为已知事实分类的活动，而这些概念是由此为基础而展开的行动的实际后果予以判决的。所以，在所有实际事务中，属于我们的都是这种借助它所激发的行动的结果来判断信念的社会。正如同马根瑙博士所说，人们之所以相信引力，因为由此能导致一种通行于我们这个世界的行为方式。他同时也指出，如果我们相信某种价值观念，则其必定导致一种行为方式，一种通行于希望借其生活和生存的社会中的行为方式。

从本质上讲，引力概念是一种描述物体如何降落的坚实而有规则的方法，在这个意义上，科学的所有概念均为描述事物如何发生的方法，因此，对科学的批评往往将它说成是一种中立的活动，因为，无论人类将这些概念弄得如何精致，它仍然只能告诉我们发生着什么而不是它们设想应当发生些什么。

这种令人不快的混杂语言混淆了科学的活动与科学的发现物之间的关系。如果说科学的发现物意味着它们只是描述而不是劝诫，那么，它确实是中立的，很难设想还有别的科学发现，除非批评者仍像炼金士一样相信，科学应当命令和制服自然。如果对于科学的批评仅限于抱怨它只是发现事实而非拼写事实，那么我乐意接受这种看法。

然而，毫无疑问，事实的发现不应与发现事实的活动混为一谈。科学活动并不是中立的，它有固定的指向和严格的判定，我们从一开始就接受了为我们而规定的结果。由于科学的目的在于发现有关世界的真理，所以科学活动的方向也就在于那个真理，而这是由符合事实的真理标准予以判定的。

3. 价值观的源泉

你的价值观是怎么来的？从家庭来说是从你的父母那儿得来的。小孩子总是强烈地认同父母。女孩子希望自己像母亲一般，穿高跟鞋、煮饭烧菜、擦口红，母亲做什么她便要做什么。就在这样的过程中，女孩学会了母亲的价值观。

小时候，我们大半都会接受父母的价值观，因为我们希望认同父母，把父母视为自己的模范，而且父母也常根据孩子能不能接受他们的价值观来奖励或惩罚孩子。

等到你上学时，情况便有些不一样了，你很可能受到同学和老师的价值观的影响。M 便说："父母和我说的只有一样事情——钱，我想这是他们主要的价值观，可是在我二年级时，我碰到一位酷爱读书的老师，她使我喜欢看书，这就是我喜欢学习、喜欢智能上的事情的开端。"

在你离开家庭进入成人的世界时，你更是不断地修正你的价值观：有些事对你变得比较重要，有些则变得比较不重要；有些人对你的重要性甚于他人，有些人更变成你的模范，你认同他们，接受他们的一些价值观，也拒绝了他们的一些价值观。这样的过程便是价值观的发展。

价值观的发展可以分成三个阶段：偏爱、接受和献身（采取行动）。在偏爱的阶段，你对某些事有所偏爱，举个例子来讲：J 发展了一个经理人员的训练计划，有一个公司看到了她的计划，也看到受训

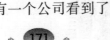

后经理人员的反应，非常欣赏她的计划，因此希望 J 能给予他们的人员以特别的训练，使得他们的人员以后能自己开办这样的训练计划，换句话说，他们想买下 J 的训练计划。他们愿意付给 J120 万，钱虽很多，但她终究还是拒绝了他们。

为什么？因为这 120 万是将计划买过去的，往后这公司自己举办这个计划，J 没有任何的控制权。这一点正和 J 的主要价值观——权力相违背了。对她来讲钱比不上权力或者说对计划的控制权那么重要，因此她决定拒绝这家公司的邀请。她的决定是根据她的价值观，根据什么对她是最重要的而作出的。

接受的意思很简单，就是保持你自己的价值观。为了保持控制权，她放弃 120 万元，这便是她已接受了自己的价值观。

人们常常不接受自己的价值观，因而他们也就惹上了麻烦。拿 J 作例子，假如她接下这 120 万会有什么后果呢？她将自己对自己生气。卖掉计划是个自己害自己的决定，是个和自己的需要相违背的事情。

4. 价值选择的原则

心理学家可以在指定一个人的妄想达到了疯狂的状态的同时，对其行为却不作任何价值判断。哲学家进行评价，他们说明一个人，他的行为或性格，是好还是坏，是对还是错，是美还是丑。确实，这正是柏拉图给哲学下的定义，哲学是对真、善、美的研究。科学家不作评价，因为他们认为这样做是不科学的，而事实正是如此……只有哲学家才进行评价，而科学家则竭尽他们的可能准确地说明真相。

显然对以上的陈述还需要再作斟酌，以上的区分过于简单。我们仍有必要进行更细微的区分，尽管我们可以接受这一陈述的基调。一般地说，科学家比非科学家较少进行评价，或许也比非科学家更关心描述，但我怀疑你能否使艺术家也信服这一说法。

作为科学过程本身，它已经将挑选、抉择和优先的原则连在一起。如果需要，我们也能称它为冒险，也可以称为爱好、鉴赏、判断和行家资格。没有哪一个科学家仅仅是一个摄影镜头或磁带记录器，他在他的活动中并不是不加分辨的，他并不是任何事情都干，他研究的是他认为"重要"或"有意义"的问题，并求得"雅致的"和"漂亮的"解答，他进行"精巧的"实验，偏爱"简单"和"清楚"的成果而不是混乱或拖泥带水的结论。

评价、选择、偏爱，所有这些属于价值的词都表达较合意和较不合意的含义。这些词不仅在科学家的策划和方略中有，而且存在于他的动机和目标中。波兰尼曾提出一位科学家无论何时都是一个冒险者，一位鉴赏家；一个善于或不善于品味的人，一个依照信念行动和献身事业的人；一个有意志力的人，一个负责任的人；一个主动的力量者、一位善择者，同时也是一位拒绝者。

与那种只知推磨的科学工作者相比，所有这些说法对于"优秀的"科学家都是双倍重要的。那就是说，在智力持平的情况下，我们赞美和评价较高的科学家和受到他的同胞尊崇、历史学家褒奖的科学家，他们有更多的特征表明他们是善于品味和善于判断的人，是有正确预感的人，是信赖这些预感并能据此勇敢实践的人，是能设法嗅出重要问题、想出漂亮的方式进行验证并能得出极其简明、真确和具有结论性质答案的人。蹩脚的科学工作者不理解重要问题和不重要问题之间的区别，优良方法和蹩脚方法之间的区别，以及漂亮论证和粗糙论证之间的区别。概括来讲，他不知道该如何评价，他缺乏鉴别能力，他没有将来会得到证明正确的预感。或者，假如他有这些预感，那会使他胆战心惊，使他背过脸或躲避开。

价值是选择的原则，而选择的最终必然取决于选择的原则。除此以外，甚至更为明显的是，全部科学事业都是追求"真理"的。真理

173

是全部科学为之奔忙的一切。真理被认为是一种内在的欲求，具有内在价值和美。当然，真理也总是被列为终极价值之一。那就是说，科学是一种价值服务的体系，而所有的科学家也都是如此。

这也就告诉我们，有关价值的其他形式也可以融入这一讨论中，因为充分的、终极的"真理"只有完全借助一切其他终极价值才能彻底说清楚。换个方式说，真理是终极的美、善、简单、广阔、完善、统一、活跃、独特、必需、彻底、公正、有秩序、不费力、自足、有趣。假如某个真理缺少这些特征，它就还不能算是最高度和最优质的真理。

当然，对于价值不能左右科学或不能影响科学的种种论调还包含着其他的意义。对于心理学家而言，这样的争端问题已经不再有什么意义了。现在已有可能以更富有成果的方式研究人的价值。极其明显，事实就是如此，例如，我们已有奥尔波特—弗尔农—林赛的价值测试，我们能够大略地说某人喜爱宗教价值胜过政治或审美价值等等。同样正确（虽然不那么明显）的是，关于猴子嗜好食物的许多研究，也可以认为是关于猴子认为有价值的东西的描述。对于许多领域中曾做过的自由选择和自我选择的实验也是如此。在特定的和效用的意义上讲，任何关于选择或偏爱的研究上都可以被认为是价值研究，不论是指工具价值，还是指终极价值。

在这里出现的实质性问题是：科学能否发现人赖以为生的价值？回答是肯定的。为使它引起注意，最好是把它作为一个题目提出，并要带有纲领的性质，有充分的理由，但论证还不够充实，不能作为事实接受。

在这里，动力论心理治疗中总结的经验是我们应该注意的论据。从弗洛伊德开始直到大多数的疗法，以及同一性或真正自我的发现有关的疗法，都有这样的经验。我们可以把它们都称为"揭示疗法"或道家疗法，强调它们的用意都在于揭示已被恶习、误解、神经症化等等掩盖的自我，而不是构建最深层的自我。所有这些疗法都一致发现，这一最真实的自我在一定程度上是由需要、愿望、冲动和类似本能的欲求构成的。这些可以称为需要，因为它们必须得到满足，不然就会产生精神病态。

其实，这一发展的历史顺序是另一条途径的回旋。弗洛伊德、阿德勒、荣格，还有另一些学者都同意，在他们力图理解成人神经症的起源时，他们最终都发现那是早年生活中生物性需要受到破坏或被忽视造成的。神经症似乎在实质上也是一种缺失症，与营养学家所发现的营养缺失症的情况类似。正如后者在一种重建的生物学中最终能够说"我们有一种维生素 B_{12} 的需要"；心理治疗家在同一种论据的基础上也能够说，我们有一种"被爱"或一种"安全"的需要。

也正是这些类似本能的需要，给了我们可以设想其为内在固有价值的机会，它们不仅是在我们的机体寻求它们的意义上的，而且是在它们对于机体既有益又必需的意义上的。正是这些价值被发现、被揭示出来，或许我们应该说，被恢复——在心理治疗过程中或自我发现中恢复。因而，我们可以把心理治疗和自我发现的这些技术看作是认识的工具或科学的方法，因为它们是我们今天能够得到的揭示这些特殊论据的最好方法。

至少基于这样的意义，科学在广义上能够而且确已发现人的价值是什么，人要过一种美好而幸福的生活所需要的是什么，要避免疾患所需要的是什么，什么对他有益和什么对他不利。这一类明显的发现似乎已经在一切医学和生物科学中大量存在。但在这里我们必须审慎地进行辨别。一方面，健康人出于他自身最深层的内在本性所选择、偏爱和珍视的也总是对他有益的；另一方面，医师可能已经懂得，阿斯匹林对治头疼有效，但我们对阿斯匹林并没有先天的渴望，而我们对爱或对尊重确实有这样的先天需求。

科学是一种人的事业，作为一种社会事业，它有目标、目的、伦理、道德、意图，概括来说，它有价值。

5．价值的自我实现

在自我实现、自我、真正人性等方面进行研究工作的思想家团体，相当牢固地制定了他们令人信服的理论：人有使他们自我实现。根据人内部倾向，人竭力要完成他自己真正的本性，忠于自己的职守，成为真正的、自发的、真正表现的人，在他自己深刻的内涵中，寻求他活动的根源。

当然，这只是一种理想式的建议。我们应当充分地警觉到这一点，大多数人并不知道怎样成为真正的人。如果他们"表现"他们自己，那么他们就可能不仅给自己，而且也可能给别人带来大灾大难。也可以这样说，对强奸犯和肆虐犯的这种问题："我为什么就不该信任和表现我自己呢？"我们应该如何回答呢？

作为一个思想团体，这些著作者疏忽了几个方面。他们包含了这些没有搞清的东西——如果你能够真正地行动，那么你就行动得很好；如果你从内部发射出活动，那么这些行为是好的和正确的。显然包含的意思是：这个内部的核心，这个真正的自我是好的、可信赖的、合乎道德的。这个论断与人有实现他自己的倾向，那个论断是可以分开的，而且是需要分别证明的（我认为是这样）。

此外，这些人很明确地回避对这个内部核心进行决定性的阐述，即它在某种程度上必定是遗传而来的。也可以说，他们在谈到这个内部核心时，并不像谈任何其他东西时那样详细。

因此，我们必须抓住"本能"论，或者基本需要论。我们要抓住原始的、固有的、在一定程度上由遗传决定的需要、冲动、渴望的研究，也可以说是人的价值蹬研究。我们不能既玩弄生物学的策略，又玩弄社会学的策略；我们不能既断言文化创造了每一样东西，又断言人具有遗传的天性。这两种对立的说法不能共存。

在本能领域中的所有问题里，关于攻击、敌视、憎恨、破坏性的

176

问题，是我们应该知道得最多但实际上知道的却很少的一个问题。弗洛伊德主义者认为是本能性的，大多数其他动力心理学家则断言，这些并不是直接本能性的，任何时候这些都是由于类似本能的或基本的需要受到挫折而引起的反应。这些资料另一个较好的而且是可能的解释，它强调这是由于心理健康的增进或恶化而引起的愤怒的质变。

在比较健康的人身上，愤怒是对当前情境的反应，而不是产生于过去的性格累积。也就是说，它是对现实中当前某种事物的反应，例如，它是对不公正、剥削或侵犯的现实主义的效应性反应，而不是由于很久以前某人犯的错误而现在把仇恨错误地和无效地发泄到清白的旁观者身上。

愤怒并没有随着心理健康的到达而消失，而是采取了果断的、自我肯定的、自我保护的、正当义愤的、同邪恶做斗争的等等形式。这种健康人很容易成为比普通人更有战斗力的、为正义而战的战士。

总之，健康的进攻行为采取人格力量和自我肯定的形式。不健康的人、不幸的人或被剥削者的进攻行为，有可能带有恶意、暴虐、盲目破坏、跋扈和残忍的味道。

6. 为你的价值观献身

对一个价值观献身指的是采取实际的行动。玛丽在一家私立学校呆了十年后终究还是辞职了，虽然因而她损失了一笔可观的退休金。为什么她要这样做？她觉得教师的生活妨碍了她想成为一个艺术家的愿望。她比较喜欢做自己想做的事，在她的价值观里自主和美感比经济稳定来得重要。为此，她离开了教师的工作，这就是根据价值观所采取的行动。

安东尼·罗宾指出，为价值观献身，表示你针对你的价值观采取行动，假如你的价值观是追求身体健康，你采取的行动就是选择适当的食物，安排运动和休息的时间，避开烟、酒以及令人发胖的事物。

由此看来，你要怎么收获，就必须怎么栽种。数年前，激励专家金克拉到亚特兰大演讲。演讲结束后,金克拉为读者在书上签名,有对夫妇耐心的在一旁等候。当别人都离去后,他们俩人走上前来。那位太太自我介绍说:"我是麦伯伦,我就是写信给你的那个人。这位是我的先生,李伯瑞托。"

她说:"我想向你表明身份,并将我信中所写的再说得详细些。我和你相同的地方是,我的体重也同样超过200磅,但如你现在所看见的,我现在已不再看重了。"她说的的确属实,"我和你不同的是,我以前每天要抽两三包烟,但现在我也戒掉了。和你不同的是,我还喝酒,而且经常喝得过度,说起来真不好意思,如今我也不喝酒了。"

她继续说下去:"我当了8年护士,我很喜爱那份差事,因为我知道自己的职务攸关他人的性命。但说句老实话,我的自我形象却极差。后来我开始听你那套'如何持续自我的激励'的录音带,并从中听到许多鼓舞人心的话。我最喜欢的一段就是:'假如你不喜爱现在的你,别担忧,因为你不会永远如此。你可以成长,也可以改变。你可以超越现在的你。'"她说,"我很喜欢你所引述布洛德博士的话,她说一个人无法持续以与自我形象不符的方式行事。"

麦伯伦又接着说:"我特别欣赏你说的一段话:'人生原是苦,唯有吃得苦中苦,方得人生乐'。如果你能在该做事的时候,就督促自己去做,那么终有一天,当你想做这些事的时候,你就有能力去做。但是,我更欣赏的是,你一针见血地指出:'去做我们想做的事,需要相当的努力,但努力是值得的。尽管过程艰辛,收获却极为甘美。'"她停顿一会又说:"我想重新自我介绍一下,金克拉先生。我是麦伯伦医生。我是全美六位专攻肥胖症学的女性之一。这门医学专门协助肥胖者控制体重。"

她表示自己靠着半工半读从医学院毕业。多数医生都会说,他们一生所做过最艰难的事,就是让自己从医学院毕业,但麦伯伦却能在当全职护士期间,完成医学院课程,这实在令人难以置信。请注意:她在工作之余所做的事(上医学院),不仅决定她在工作上的成就,也扩展了生活中的各个层面。一段时间后，麦伯伦与李伯瑞托与金克拉夫妻结为好友。每当到亚特兰大，金克拉就会去看看他们，而他们也会到达拉斯探视金克拉夫妇。就金克拉夫妇看来，他们真是一对神仙眷侣。两人不但身体健康、经济宽裕，而且各方面相当稳定。除了朋友众多，心境安宁、家庭美满外，还有一项无价的资产——希望，也就是希望未来会更好。如今，麦伯伦身兼作家与三家诊所负责人，常到全美各地演讲，甚至还会抽空一对一地教文盲识字。毫无疑问，这种无私的奉献，使她从生活中品尝到最甘美的滋味。

没错，麦伯伦是无数人的恩人，而这些人有许多是她永远不会认识的。她的书已卖了 50 万册，你可以想象她所发挥的影响力有多大！

这则励志故事的后半段是：李伯瑞托不仅不断鼓励、支持妻子，甚至还汲取她的观念及哲学。1992 年 1 月，他开设了一家自然食品店——桃树自然食品店，结果由"最佳新设商店目录"评选为 1993 年的健康食品店代表。他们俩人的故事，说明了我们创建事业、个人经营与家庭生活应持的哲学：如果你帮助足够多的人达成所愿，你也能完成一生的愿望。怎么栽种，就怎么收获。显然地，像麦伯伦这种在职业、个人、事业及社区生活中大幅度蜕变的人，还有许多人格特质及生活层面可供借鉴。她是个极有爱心的人，这点可由她立志行医、教育文盲上得到证明。她还是个聪慧、勤奋、自动自发的人。当她决定成为一名医师时，便毅然决定回到学校接受医学教育。她以远见及恒心规划她的未来，并在往后数年之中，一面做专职护士，一面当医学院学生。

事实上，麦伯伦也经常会觉得疲惫、需要睡眠，也想要放松及拥有一些个人的时间。由于她已计划、准备、并下决心当一名医生，因此她知道，只要锲而不舍地朝梦想迈进，成功必指日可待。届时，所有付出的代价将可加倍偿还（事实上，她并未付出什么代价，因为她是在享受将获得的回馈）。

第二节　创造观

1. 创造源于个性品质

只有改变传统创造力的观念，才能着手研究真正健康的、高度发展和成熟的、自我实现的人。首先，必须放弃那种陈腐思想，即认为健康、天赋、天才和多产是同义的。自我实现的研究对象中有相当一部分人，在特定意义上，他们虽然是有创造力和健康的，然而在通常的意义上，他们却不是多产的。他们既没有伟大的天才和天赋，也不是诗人、创作家、发明家、艺术家，或有创造性的知识分子。而且这一点也是不言而喻的，即某些最伟大的人类天才肯定不是心理健康的人，如瓦格纳、梵谷、拜伦等。有一些是心理健康的，而另外的一些则不是，这是很清楚的。

因而得出这样的结论，伟大的天才不仅多少有赖于性格的优良和健康，而且也有赖于我们对之了解很少的某种东西。例如，有些证据表明，伟大的音乐天才和数学天才，更多的是通过遗传而来，而不是后天获得的。看来很清楚，健康和特殊天才二者是独立的变量，它们可能只有微弱的关联，也可能没有关联。

我们也可以承认，心理学对于天才类型的特殊才能所知甚少。这方面只限于谈那种广泛的创造性，这种创造性是每个人生下来就有的继承特质。看来，这种创造性与心理健康是互为变量的。

任何画家、任何诗人、任何作曲家，都过着创造性的生活。理论家、艺术家、科学家、发明家、作家可能也有创造性，而其他的人则可能没有创造性。他不知不觉地假定，创造性是某些专业人员独有的特权。

当然，也有不少实验对象否定了马斯洛的假设。例如，一名妇女，她是没有受过教育的、贫穷的、完完全全的家庭妇女和母亲，她所做的那些平凡工作没有一件是创造性的，然而她却是奇妙的厨师、母亲、妻子和主妇。她不用花很多钱就能把家里布置得很温馨。她是一个完美的女主人，她做的膳食是盛宴，她在台布、餐具、玻璃器皿和家具上的情趣是无可挑剔的。她在所有这些领域中，全都有独到的、新颖的、精巧的、出乎意料的、富有内涵的创造力。我们的确应该称她是有创造性的。从她那里以及像她一样的其他人那里学到：第一流的汤比第二流的画更有创造性。一般来说，做饭、做父母以及主持家务，可能具有创造性，而诗却并不一定具有创造性。

还有一名研究对象，献身于最好称之为最广泛意义的社会服务，包扎伤口、帮助那些被生活困难压倒的人，她不仅以个人方式而且以组织方式去做这些工作，这个组织能比她自己帮助更多的人。

另外一种研究对象是精神病医生，他除了治疗之外，从未写过任何东西，也从来没有创造出任何理论或研究过什么创造性项目。但是，他乐于从事帮助别人创造他们的普通工作。

这个治疗家，把每一名患者都看成是世界上独一无二的人。他没有行话、预期和先入为主，他具有道教般的单纯、天真和杰出的智慧。每一个患者对他来说都是独特的人。因此，他是以全新的方式理解和解决全新的问题。甚至在非常困难的病例上，他都获得了巨大的成功，这证实了他做事的"创造性"，而不是墨守陈规的或"保守的"方法。

创造的内涵是相当广泛的，创建一个商业网点可能是创造性活动。另外，一名年轻运动员那完美的擒拿动作可能像一首诗那样美的作品，可以用同样的创造精神对待它。

马斯洛曾反射式地认为"有创造性的"、胜任的大提琴手，因为把她与创造性的音乐、创造性的作曲家联系起来了。实际上她只是很好地演奏了别人写好的曲子，她不过是喉舌，像一般的演员或"丑角式人物"一样。而优秀的细木工、园林工，或者裁缝，则可能是真正有创造力的。在每一事例上做出个人的鉴定，因为几乎所有的角色和工作，都既可以有创造性，又可以没有创造性。

换句话说，"创造性的"这个词（以及"美的"这个词）不仅可以运用到产品上，而且可以以性格学的方式，运用到人、活动、过程和态度上，而不再只用于标准的和普遍认可的诗、理论、小说、实验和绘画上。

其实，很有必要把"特殊天才的创造性"和"自我实现的创造性"区分开来。后者更多的是由人格造成的，而且在日常生活中广泛地显露出来，例如，以某种念头表现出来。这种创造性，看来好像是创造性地做任何事情的一种倾向，如管理家务、从事教育等等。似乎通常是这样的：自我实现者的创造性的本质方面是一种特殊的洞察力，就像寓言中那个孩子能看见国王没穿衣服那样（这与创造力即产品的思想太抵触了）。这样的人能看见新颖的、未加工的、具体的、个别的东西，正如能看到一般的、抽象的、成规的、范畴化的东西一样。因而，他们更为经常地生活在自然的真实世界中，而不是生活在用词表述的概念、抽象、预期、信仰和公式化的世界中，而很多人却常常把这两个世界混淆起来。罗杰斯的"对体验虚怀若谷"很好地表达了这一点。

所有的研究对象比普通人相对而言更自发，更倾向于表现。他们的行为是更"自然"而较少控制和压抑的，似乎是自如而自由地流露出来的，较少阻碍和自寻烦恼。这种无抑制地和不怕嘲笑地表达自己的想法和冲动的能力，是自我实现者在创造方面的本质体现。罗杰斯在描绘健康的这个方面时恰当地运用了"充分发挥作用的人"。

另一个观察结论是，自我实现者的创造性在许多方面很像单纯幸福的、无忧无虑的、儿童般的创造性。它是自发的、轻松的、天真的、自如的，是一种摆脱了陈规和陋习的自由，而且看来它在很大程度上是由"天真的"自由感知和"天真的"、无抑制的自发性和表现性组成的。几乎所有儿童都能自由地感知，他们没有那里可能有什么、什么东西应该在那里、那里总是有什么等等的先验预期。他们一旦受到鼓舞，并不需要预先规划和设计意图，都能创作一支歌、一首诗、一个舞蹈、一幅画、一种游戏或比赛。

马斯洛的研究对象所具有的创造性，正是在这种孩子般天真的意义之上的。或者，为了避免误解，因为研究对象毕竟不是孩子了（他们都是 50 多或 60 多岁的人了），请允许这样说，他们至少在两个主要的方面或者保留了、或者恢复了孩子般的天真。也就是说，他们是非类化的或对经验是尊重的，而且他们是自发的，倾向于表现的。如果说，儿童是天真的，那么，马斯洛的被试者则是达到了"第二次天真"，正如桑塔亚纳的说法那样。他们的天真感知和表现是和老练联系在一起的。

所有这些好像是在讨论人天生的、普遍的潜能，是人性中固有的基本特性。这些固有的基本特性，由于人适应社会上存在的文化，就被掩盖或被抑制而大多丧失了。

马斯洛的研究对象在另一种特性上也使创造性更有出现的可能。自我实现的人比较不怕未知的、神秘的、使人不好理解的东西，而且通常是主动地进攻，从中挑选出难题然后全神贯注地思考它。不妨援引一段马斯洛对此的描述：

"他们并不忽视未知的东西，不否认它或躲避它，也不力求掩饰仿佛已经了解它，他们也不过早地组织它、分割它或对它分类，他们并不依赖熟悉的事物。他们对真理的探索，也不强求确定、保险、明确和有条理。正如我们在哥尔德斯坦的脑损伤者、或在强迫性神经症患者那里所看到的异常形态那样，当整个客观情境有这种要求时，自我实现的人们可能安于无秩序的、粗犷的、混乱的、混沌的、疑问的、动摇的、模糊的、近似的、宽容的、偏差的状态；在科学、艺术以及一般生活中的特定时刻，所有这一切是完全合乎需要的。"

因此，疑问、不明确性、不肯定性，以及作为结果的搁置的必要性就发生了。对于大多数人来说，这是很苦恼的；但是对于一些人来说，这是愉快的激励性的挑战，是他们生活中的高潮，而不是低潮。

简单地说，我们都应该以不同的眼光去看待，不能像心理学家惯常认为的那样，是直线理所当然的延伸。例如以困扰过我们的第一个二歧式为例，当你不能确定你的研究对象究竟是自私的还是不自私的（自然而然地陷入了或者是这样或者是那样的境地，这一个越多，另一个就越少，这就是马斯洛提出这种问题暗含的意思——编译者注）。她迫于事实的绝对压力，不得不放弃亚里士多德式的逻辑。

（从一种意义上说，马斯洛的实验对象是很自私的；而从另一种意义上说，他们又是很不自私的。二者溶合在一起，似乎不是水火不容的，而是在一个合理的、动力的统一体或合成物中，这很像弗洛姆在他有关健康利己的著名论文中所描述过的东西。马斯洛的实验对象就是运用这种方式将对立的东西融合在一起的。因此，把利己和利他看成是矛盾的和完全排斥的，这本身就是人格发展水平低下的特征。同样，在马斯洛的实验对象身上，许多其他的二歧式也都转化为统一体了。——编译者注）认知和意动的对立（心对脑，希望对事实）变成了有意动结构的认知，像直觉和推理一样得出相同的结论。责任、义务变成了乐事，乐事和义务合为一体。工作和玩乐的差距也缩小了。当利他主义成了令人愉快的利己的事情时，利己的享乐主义怎么能够与利他主义对抗呢？所有这些最成熟的人，也就是具有最强烈的孩子气或天真的人，总是被描绘为具有最强烈的自我和最明确的个性的这些人，恰恰是最有可能易于没有自我、超越自我和以问题为中心的人。

能把不协调一致的、彼此互不相容的各种颜色和形式,融入一幅整体的画面中,这是最伟大的艺术家所做的事情。这也是伟大的理论家所做的事情,他们把迷惑人的、不一致的事实放在一起,从而使我们能够看出它们实际上是统一的。对于伟大的社会活动家、伟大的治疗学家、伟大的哲学家、伟大的父母以及伟大的发明家来说,也同样如此。他们全都是综合者、都能够把分离的、甚至对立的东西纳入一个统一体中。

这里所讲的整合能力,是人体内部的反复整合能力,也是将他目前所做的一切整合起来的能力。如果创造性在一定程度上能依靠人的内部整合能力,那么它就成为建设性的、综合的、统一的、整合的创造性了。

如果要找出这种情况的根源,可能要归结于马斯洛的实验对象的勇敢品质。他们显然较少对文化有顺应态度,他们不太害怕别人会说什么,会要求什么,会笑话什么。他们不太需要依赖他人,因而也较少受他人控制,他们不太怕他人,也不大敌视他人。然而,也许更重要的是自我实现的人不畏惧自己的内部世界,不怕自己的冲动、情绪和思想。他们比普通人更能接受自我。这种对自己的本性的赞同和认可,使他们更有可能敢于察觉世界的真正性质,也使得他们的行为更有自发性(较少控制、压抑,较少规划、设计)。他们不太怕自己的思想,即使这些思想是古怪的、糊涂的或疯狂的,他们也不惧怕。他们不怕被笑话,不怕被反对。他们能让他们的自我得到真情流露。相反,普通人和神经症患者积极地防御畏惧,他们的自我大多留在墙内。他们控制、抑制、压制、镇压他们的自我。他们非难自己的深邃自我,并且预期他人也这样做。

其实,我们所说的自我认可包含的意思就是马斯洛的实验对象的创造力仿佛是他们的更大整体和整合的副现象。普通人身上的那种固有的底蕴力量和防御控制力量之间的内战,在马斯洛的研究对象身上已经解决了,他们较少陷于分裂状态。对于享受和创造的目的来说,他们的自我大多也是有效的，他们用于保护和反对他们的自我的时间和精力也较少。

能支持并丰富着这些结论的是我们关于高峰体验的认识。这些高峰体验也是整合过的和整合着的体验，在某种意义上说，它们与感知世界上的整合是同型性的。在这种高峰体验中，我们发现体验的坦率性增强了，自发性和表现性也增进了。同样，由于人的内部这种整合的一个方面是承认我们的深邃自我及其价值，这些深蕴的创造力就变得更有效用了。

2. 创新发展的必由之路

在某种程度上，循规蹈矩的存在并不是企业内特有的一种特征，也不是任何大的群体所特有的领域。可以说，无论是什么类型的和什么规模的组织，内部都会或多或少地存在不同程度的循规蹈矩的现象。大的企业总是能够给每位员工的个性留有更多的展示机会，它所要求的循规蹈矩比任何其他一类组织要少得多——其他组织比如政府部门、学术领域或者是在军队中。

相对而言，循规蹈矩的现象至少是容易或者说更容易在一些小的组织群体中出现。在一个只有 10 位员工的小组中与一个上千人的组织中改变一种已经根深蒂固的行为模式具有同样的必要性，它们最大的区别就在于小群体会将更多的注意力放在出现的偏差上。众所周知，在一个小城镇里人们在约束一个与众不同的异端人士时所花费的精力比一个大城市要多得多。同样的道理，我大胆地认为，与一个庞大的企业相比，在一个只有十几个人的小企业里循规蹈矩会更加引人注目，因为原因可能会是在一个有 10000 人的群体中人们的容忍度会比 10 个或是 12 位员工的小群体的容忍度更为博大一些。

　　然而，事实似乎是循规蹈矩这种现象在大企业里更加引人注目，而且企业里都有一种广为流行的观点，那就是，企业中存在着一种固定的模式，任何一个希望得到提升、得到发展的人必须遵守这些固定的模式，什么样的行为方式，什么样的衣着打扮，什么样的政治观点，所有这些你必须同大家保持严格的一致。这个总体的印象看起来可能相当的奇怪。有一些流行的杂志甚至不停地向人们灌输这样奇怪的说法，说所有企业主管的妻子都是经过严格挑选的，作为这些人能否被提升的一个参考标准。一大批的小说、电影和电视剧里面也都曾经有过类似的论调。

　　强调习惯和习俗中一些无关紧要的因素或者是强调各种职能特征只会让事实变得更加模糊不清，而事实提出的挑战却没有任何不合逻辑的枝枝节节。反应迅速、管理有序的组织会充分意识到这种将员工埋没的紧密相关的危险。组织内取得的进步与这个团队中员工所具有的行为上的思想自由是成正比的。任何大的组织内不会存在一种固有的倾向，会将鼓励充分发挥员工才华的大门紧紧关闭。相反地，组织规模越大，就会越积极地让自己内部对员工的鼓励和承认的渠道开得越大，让这些渠道越发地通畅。

　　成人跟儿童一样在熙熙攘攘的人群里容易迷失自己前进的方向。处于组织里的人会被慢慢淹没、会有强烈的挫败感，或者被忽视，有时候会受到不公正的待遇，有时会受到侮辱，有时别人对他的诺言会突然变成了空头支票。作为一个领导者，他的一个重要责任就是确保这一切不要发生，确使每一位员工的才华和潜力都不会淹没在周围的人群里。

　　一个组织如果在成功的光环里对自己的成就沾沾自喜，像一个自恋的人一样按照自己的形象塑造一切东西并陶醉其中，这个组织就处在了十分危险的境地。我可以大胆地假设，我们中的每一位员工，无论在从事什么样的职业，肯定都经历过类似不愉快的阶段，即使我们的脑海里有更简单易行的方法，老板也一定要坚持让我们按照他的方式去完成任务。

我们社会都十分重视培训，尤其是在无数个被称为行政主管进修的领域。但是，在培训程序中，太多条文化的东西导致人们的思维模式如同复制出来的一样刻板、生硬、僵化。系统的培训毫无疑问是十分必要的，但是我们要时时牢记并不是组织塑造了人，而是人塑造了组织。正是由于千差万别的员工所具有的不同性格和他们的适应性，以及他们头脑中新的思想，组织系统的血液才得以丰富起来，组织的寿命才得以维持和延长。

如果人们将自己的特性和身份都牺牲在平庸这个阴暗潮湿的洗衣店里的话，不仅组织，连社会本身也要遭受损失。优秀的领导者会竭力将这种危险减至最小，当然，凡人都会有缺点，在这一方面不可能做得尽善尽美。遗憾的是，人与人之间很少能够找到可以进行直接横向比较所依据的有效标准，而在同一个组织内每位员工对组织的功用和能够得到的机会都会因为他们的一般能力与特殊能力的不同而有所差别。同样，每一位员工对组织所做的贡献的种类和重要性也有千差万别。而具有独创性的想像力也会以不同的比例和不同的方式表达出来。有些人所做的贡献是以绚烂多姿的方式表现出来的，而有的人则通过孜孜不倦地工作或者是日复一日地机械地工作表现出来。对于组织来说，重要的是要让组织内的每一位员工都能够有机会以最适合自己个性的方式，充分挖掘自己的潜力、展现自己的才华。

只有通过这种方式，组织才能够将比较出色的优秀人才筛选出来提拔到高层，尽管大多数的一般人才都有一定的才华，但准确来说组织甚至社会本身真正最为关注的却是那些处于最高层的人。普通人的角色和作用在不断地扩大和加强，以各种有效的方式发挥着作用。而真正不平凡的人的作用在这个年代或者说在任何一个年代都是独一无二的，他的地位可以用一句特别的话表达出来：

所有人的贡献和成就在不同程度上都是非常重要的，但是有限的少数人的作用和贡献却是极端重要、无法忽视的。这是一个不可否认的事实。因为在任何一个领域内，总得有人是领导者，有人是跟随者；有的人会获得非凡的成功，有的人成绩平平，而有的人却没有任何成就。所有人的贡献都大致是中等水平，而在各自领域内处于高层的极少数人却取得了卓越的成就，这些巨大的个人成功正是在许多其他人一定程度的成功的基础上才能够获得的。

个人的成就只标志着一系列连锁反应的开始，这个连锁反应会将它波及得越来越远，范围越来越大。这种个人成就成为一种催化剂，它唤起了其他人心中的渴望，唤醒了在别人心中仍然休眠沉睡的热情与激情。

我们所说的梦想是指创造性的天赋，无论是科学、企业、教育，还是人类活动的其他任何一个方面，它们的任务都是要探询、发掘和保存人类这一无价的品质。如果我们做不到这一点，我们留给后人的就只是一些沉闷乏味的遗产。

3. 随时注意培养开阔的思路

头脑只有处于时刻生生不息的运动之中，才能克服思维的阻塞，保持和提高思维的流畅性，通过经常有意识地训练，可以使思路开阔，纵横驰骋，左右逢源。日常生活中，我们可以通过构想某一物体尽可能多的用途来训练自己开阔思路。

比如想象一块砖除了作建材外，还能有多少种用途？初学的人通常在 5 分钟内可以想到 6 种或 8 种用途，包括挡门、做武器和压东西。在自觉实践创造性思考的原则和技巧以后，他们想到的用途平均是 15 ~20 种，包括阻塞鼠洞、充当磨石等。无论国外还是国内在专门的或是相关的思维训练课上，都经常使用这种方法。

只要你坚持随时进行有意识的训练和练习，思路就会越来越开阔，在生活中的选择余地就大为增加，就等于拓宽了成功之路。

比如在两分钟内写出尽量多的纸的用途、汽车的用途、煤的用途、土的用途，如此等等。当你在思考每一种东西的多种用途时，就是在尽力扩展你的思维，不断增加思考的角度和思路的数量，长此以往，你就会形成从多方面、开阔的视野上去把握自己的思维能力。而且当你了解到别人列举出了你所未曾想到的用途时，无疑会给你某种开阔性的启示，于是不知不觉中，你便掌握了开阔思路的新技法。

大脑越用越灵活，只要你坚持随时进行有意识的训练和练习,思路就会越来越开阔,在生活中的选择余地就大为增加,就等于拓宽了成功之路。

你如果希望有一大堆主意，你就要慢点批评。"绞脑汁"会议就是一个很好的方法。包括十个到十二个人的一群人对一个特定的问题尽可能提出解决方法，越多越好。一个人的思想会激发另一个人的思想，以致一次主持有方的简短"绞脑汁"，可以产生数量惊人的妙主意。一项严格的规则就是必须暂停一切批评，不许讥笑别人的主意。

例如，一群人面临的问题是：一枚水雷已经漂近一艘下锚的驱逐舰，近得来不及发动引擎逃避，请问有什么办法可以挽救驱逐舰？提出一大堆建议之后，有人开玩笑说："让大家到甲板上去，合力把水雷吹走！"这个显然不切实际的建议引得另一与会者说："搬水管来冲，把它冲走。"事实上，这就是某次战争中一艘驱逐舰真的碰到这种窘境时船员采用的办法！

尽量考虑一切可能的解决日常问题方法，有助于开阔思路。明智的决定来自许多可行方案的抉择。

4. 发掘自身创新潜能

很多人不敢创新，或者说不愿意创新，是因为他们头脑中关于得、失、是、非、安全、冒险等价值判断的标准已经固定，这使他们常常不能换一个角度想问题。

举一个例子，假如有一个人有 100% 的机会赢 80 块钱，而另外一个人有 85% 的机会赢 100 块钱，但是有 15% 的机会什么都不赢。在这种情况下，这个人会选择最保险安稳的方式——选择 80 块钱而不愿冒一点险去赢那 100 块钱。可如果换一下来设定这个问题，一个人有 100% 的机会输掉 80 块钱，另外一个可能性有 85% 的机会输掉 100 块钱，但是也有 15% 的机会什么都不输。这个时候，人们都会选择后者，赌一下，说不定什么都不输。

这个例子使我们明白，平时我们之所以不能创新，或不敢创新，常常是因为我们从惯性思维出发，以至顾虑重重，畏手畏脚。而一旦我们把同一问题换一下来考虑，就会发现很多新的机会，新的成功。

其实许多最有创意的解决方法都是来自于换一个角度想问题，在对待同一件事时，从相反的方面来解决问题，甚至于最尖端的科学发明也是如此。所以爱因斯坦说："把一个旧的问题从新的角度来看是需要创意的想象力，这成就了科学上真正的进步。"

著名的化学家罗勃·梭特曼发现了带离子的糖分子对离子进入人体是很重要的。他想了很多方法以求证明，都没有成功，直到有一天，他突然想起不从无机化学的观点，而从有机化学的观点来看这个问题，才得以成功。

当然，作为在平凡生活中追求财富和梦想的普通人，换一个角度想问题的方法所取得的成效，不亚于科学家们的新发现。

麦克是一家大公司的高级主管，他面临一个两难的境地，一方面，他非常喜欢自己的工作，也很喜欢跟随工作而来的丰厚薪水——他的位置使他的薪水有只增不减的特点。

但是，另一方面，他非常讨厌他的老板，经过多年的忍受，最近他发觉已经到了忍无可忍的地步了。在经过慎重思考之后，他决定去猎头公司重新谋一个别的公司高级主管的职位。猎头公司告诉他，以他的条件，再找一个类似的职位并不费劲。

回到家中，麦克把这一切告诉了他的妻子。他的妻子是一个教师，那天刚刚教学生如何重新界定问题，也就是把你正在面对的问题换一个面考虑，把正在面对的问题完全颠倒过来看——不仅要跟你以往看这问题的角度不同，也要和其他人看这问题的角度不同。她把上课的内容讲给了麦克听，这给了麦克以启发，一个大胆的创意在他脑中浮现。

第二天，他又来到猎头公司，这次他是请公司替他的老板找工作。不久，他的老板接到了猎头公司打来的电话，请他去别的公司高就。尽管他完全不知道这是他的下属和猎头公司共同努力的结果，但正好这位老板对于自己现在的工作也厌倦了，所以没有考虑多久，他就接受了这份新工作。

这件事最美妙的地方，就在于老板接受了新的工作，结果他目前的位置就空出来了。麦克申请了这个位置，于是他就坐上了以前他老板的位置。

这是一个真实的故事，在这个故事中，麦克本意是想替自己找个新的工作，以躲开令自己讨厌的老板。但他的太太教他换一面想问题，就是替他的老板而不是他自己找一份新的工作，结果，他不仅仍然干着自己喜欢的工作，而且摆脱了令自己烦心的老板，还得到了意外的升迁。

一些专家在研究汽车的安全系统如何保护乘客在撞车时不受到伤害时，最终也是得益于换一个角度想问题。他们想要解决的问题是，在汽车发生冲撞时，如何防止乘客在汽车内移动而撞伤——这种伤害常常是致命的。在种种尝试均告失败后，他们想到了一个有创意的解决方法，就是不再去想如何使乘客绑在车上不动，则是去想如何设计车子的内部，使人在车祸发生时，最大程度地减少伤害。结果，他们不仅成功地解决了问题，而且开启了汽车设计的新时尚。

其实我们常常可以在日常生活中训练自己换一下想问题。比如说，一个年轻的妈妈想对刚买的婴儿床做一下改造，使它能和自己的大床并在一起，这样就可以省去夜里的担心和麻烦。结果，在她想拆除小床的护栏时遇到了麻烦。她想按照床的设计，保留一个可以上下伸缩的护栏，而拆除那个固定的护栏，可是那个固定的护栏还起着床的支撑作用，一拆掉，整个床就散了，这件事只好不了了之，直到有一天，站到床的另一面，这位妈妈才突然发现，由于小床和大床并在了一起，所以有没有移动护栏都是无所谓的，而这个护栏因为在设计时并不起支撑作用、拆了以后，小床依然牢固，这个问题就得以解决了。如果她不换一下，她可能总也看不到这一点，而使自己陷入烦恼。

在现实的生活中，当人们解决问题时，时常会遇到瓶颈，这是由于人们只在同一角度停留造成的，如果能换一换视角，也就是我们一直在说的换一个角度考虑问题，情况就会改观，创意就会变得有弹性，记住，任何创意只要能转换视角，就会有新意产生。

要想真正发挥创新潜能，除了要有敢于尝试与创新的勇气，还必须精心地培育你的创造力。

及时记录下来一些想法

人们在工作、生活、交际和思考过程中，常会出现许多想法，而其中的大部分都会因为不合时宜而被人们放弃直至彻底忘却。

其实，在创新领域里，从来就不存在"坏主意"这个词汇。三年前你的某个想法也许不合时宜，而三年后却可以成为一个真正的好主意。更何况，那些看来是怪诞的远非成熟的想法，也许更能激发你的创新意识。

如果你能及时地将自己的想法记录下来，那么，当你需要新主意

193

时，就可以从回顾旧主意着手。而这样做，并不仅仅是为了给旧主意以新的机会，更是一种重新思考，重新清理整理的过程，在这个过程中，可以轻易地捕捉到新的创新性的思想。

自己提问自己

如果不问许多"为什么"，你就不会产生创新性的见解。

为了避免这个常犯的错误，成功总是透过所有的表面现象去寻找真正的问题。他们从来不把任何事情看作是理所当然的结果，他们也从来不把任何事情看作是水到渠成的过程。

那些不明确的，看来似乎是一时冲动之中提出来的问题，往往包含着更多的创新性思维的火花。

经常表达出自己的想法

如果你有了想法，不管是什么样的想法，你都应当表达出来。如果是独自一人，你就对自己表达一番；如果你身处群体之中，不妨告诉其他人共同进行探讨。

一个人一生中的大多数想法，都被无意识的自我审查所否决。这种无意识的自我审查机制将一切离奇的想法都当作"杂草"，巴不得尽快地加以根除。

循规蹈矩的心境里没有"杂草"，但循规蹈矩的心境也没有创造力。你想要有创造力，就必须照料好每一株"杂草"，把它们当作一株株有潜在经济价值的新作物。

把你的不寻常的离奇想法说出来，把它们从头脑中解放出来。一旦它们进入到交流领域之中，便能够免受无意识领域中自我审查机制的摧残。这样做，使你有机会更仔细更充分地去审视、探索和品味，去发现它们真正的实用价值。

永远充满着创新的渴望

满足于现状，就不会渴望创造。没有乐观的期待，或者因为眼前无法实现而不去追求，都会妨碍创造力的发挥。

发明家和普通人其实是一样的人，所不同的是，他们总是希望有更好的方法。

系鞋带时，他们希望有更简便的方法，于是便想到了用带扣、按扣、橡皮带和磁铁代替鞋带。

煮饭时，他们希望省去擦洗锅底的烦恼，于是便有了不粘锅的涂料。

所有这一切，都来源于改进现状的愿望。

换一种新的方法来思考

墨守成规不可能产生创新力，也无法使人脱离困境。

有人喜欢用比较分析法来思考问题。面临抉择，他总是坐下来将正反两方面的理由写在纸上进行分析比较；也有人习惯于用形象思维法，把没法解决的问题画成图或列成简表。能不能换一种方法去思考，或交替使用各种不同的思考策略呢？

试试看，也许最困难的抉择也会迎刃而解。

有了创新性的想法，一定要努力去实施

有了创新性的想法，如果不去努力实施，再好的想法也会离你而去。想努力去做，却又因为短期内收不到成效而不持之以恒，你也会同成功失之交臂。

爱迪生说："天才是百分之一的灵感加百分之九十九的汗水。"这是他的至理名言，也是他的经验之谈。

坚持努力，持之以恒，才会如愿以偿。

5. 激发创造力的方法

为了帮助你了解创造力是如何发挥的，这里提供一些条件和看法。

首先必须激发自己，要有一个明确的目的，一个强烈的愿望。最好的主意往往出自那些渴望成功的人。托马斯·爱迪生为了能继续工作就以拼命多赚钱来激励自己，甚至在他成了百万富翁以后，还有人听见他说："任何不能卖钱的东西我是不会发明的。"

其次，必须为自己创造一种紧迫感。我们每个人都有一种拖延的惰性。给自己规定一个期限以提出新的思想。期限规定要合理，但也要有鞭策性，以造成必要的压力。日期规定后要坚决贯彻执行。

富于创造力的人一般都会表现出一种善于使精神放松的气质：不要太紧张，不要大小心翼翼。显然我无法告诉你哪一种方法对你最合适。也许是在地板上踱步，或者是喝咖啡，或是听音乐，关键是要采用对你最合适的方法。

富于创造力的思想家们创造了许多切实可行的办法，用来刺激并捕获新的思想。

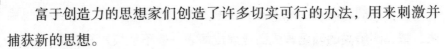

——清单

把诸如扩大、缩小、取代、重组、颠倒、合并等动词列一张表，设法把每一个动词都依次运用到你要解决的问题上，试试看是否行得通。

另一种方法是把定语列成表格。比如拿螺丝起子来说，它可以有以下一些定语：圆的、钢杆的、木柄的、楔形刀头的以及用手旋转操作的。要设计一把更好的螺丝起子，你分别集中考虑这些定语，问问自己是否可以把圆形的起子钢杆做成六角形的，以便可以用扳手旋转，增加转矩。如果去掉木柄，把钢杆做成适合电钻的样子行不行？是不是可以为规格不同的起子做几种可以互相替换的钢杆？列定语表最基本的前提是对每一个部件提问："为什么这个东西一定要这么做？"这样提问有助于打破无意识的固定观念。

——记录手段

你最好随身带一本笔记本、一支钢笔或铅笔，如果有条件的话，最好带一架微型盒式录音机。新的念头一出现，便把它写在纸上或录在磁带上。科内尔大学的天文学家、作家卡尔·塞根每次一听到心灵的"敲门声"便记录下来。他不论走到哪里，都随身带着一台盒式录音机，"有时敲击声彬彬有礼，也有时敲击声急促而持久。"塞根说，"总的来说，我如果发现自己被卷入激情，处于一种兴奋状态，我就会坐在飞机上，听整整'一章的敲门声'。"

——思想库

准备一个地方专门收集存放与每个不同的科目有关的思想记录。思想库可以是文件夹、空鞋盒，或是写字台抽屉。当你有了好的念头，便把它写下来放好。然后当你准备就绪，开始认真考虑的时候，你就有许多过去的设想作为基础。

——让时间为你服务

启示往往是在半夜里不知不觉地溜进你的大脑的。如果你正在设法解决一个问题，你把解决问题的障碍写下来，然后把它们丢在一边去睡觉，不要再想它们，让你的潜意识起作用。当你一觉醒来时，往往已经有了新的设想或解决办法。

最重要的一点是，当新的念头出现时，千万不要运用判断力。否则你就等于是一边拼命踩油门，一边刹车。只有当你已经有了尽可能多的新思想以后，才能运用批评性的判断力。

6. 创意能够改变命运

创意是每个人"救活"自己的异常思维和才智，从而断自己全身的能量。在日常生活中，每个人都是投石问路者或难或易、或明或暗，或悲或喜，仿佛不停地挣扎在一个个"陷阱"之中，因此用有效的创意点击人生火花，成为突击生存的梦想和手段。谁要抓住创意，谁就会成为赢家；谁要拒绝创意，谁就会平庸！这就是说，一个有效的创意绝对闪亮人生！

生活需要信仰，就像菜需要盐一样。

一个有信仰的人，跟一个没有信仰的人截然有别，后者浑浑噩噩；前者有追求，有理想。

在众多信仰当中，创意是最独特的，也是最有效的。这种生活信仰，能帮助你找到一份理想工作——工作通常被认为是人生的起点。理查兹博士在《怎样创意能够改变命运》一书中认为："为什么有那么多人不能拯救自己，始终陷入一种痛苦的挣扎呢？就是因为他们有健康的身体，却无健康的大脑，完全不能根据自身条件和时机寻找一条有创意的道路。创意是你在百般无奈时、沉思默想时意外的发现，是一种精细的观察，是一种才智的爆发！立即从你的工作开始吧！"

人生由许多盲点构成，盲点是可怕的人生误区。也许，人生第一次盲点是"工作误区"因为工作是每个人获取生存的方式。世界上有多少人在为争取工作而绞尽脑汁，辛勤劳作，西方有一句名言："工作是生存！"这就是说，人生最重要的创意是克服工作盲点，解决工作误区。

职业的多样性，给每个求职创意的人提供了可能。假如只有一种职业适合于自己的观点，肯定是错误，因这它本来就缺少创意，仅仅是一种不愿努力改变自身被动状态的懒惰心理而已。美国哈佛大学杰克·罗德克在《改变工作的三种创意》中认为："工作惟有改变才能创意人生。这就是说，现代人试图改变人生的方法就是把智慧用在工作的创意中，力戒一种工作适合于己的观点。用不同的工作挑战自我，就是最大的创意。"

只有学会创意，你的职业人生才会多姿多彩，才能永攀高峰。